Anne M. Schüller

Bahn frei für Übermorgen-Gestalter

ÖKOLOGISCHE VERANTWORTUNG

Wir übernehmen Verantwortung! Ökologisch und sozial!

- Verzicht auf Plastik: kein Einschweißen der Bücher in Folie
- Nachhaltige Produktion: Verwendung von Papier aus nachhaltig bewirtschafteten Wäldern, PEFC-zertifiziert
- Stärkung des Wirtschaftsstandorts Deutschland: Herstellung und Druck in Deutschland

Anne M. Schüller

BAHN FREI FÜR ÜBERMORGEN-GESTALTER!

25 Quick Wins
für Innovatoren und
Zukunftsversteher

GABAL

Externe Links wurden bis zum Zeitpunkt der Drucklegung des Buches geprüft.
Auf etwaige Änderungen zu einem späteren Zeitpunkt hat der Verlag keinen Einfluss.
Eine Haftung des Verlags ist daher ausgeschlossen.

Bibliografische Information der Deutschen Nationalbibliothek

Die Deutsche Nationalbibliothek verzeichnet diese Publikation
in der Deutschen Nationalbibliografie; detaillierte bibliografische Daten
sind im Internet über http://dnb.d-nb.de abrufbar.

ISBN 978-3-96739-093-3

Lektorat: Christoph Landgraf | www.lektoratlandgraf.de
Umschlaggestaltung: Buddelschiff, Stuttgart | www.buddelschiff.de
Autorenfoto: © Anne M. Schüller
Satz und Layout: Das Herstellungsbüro, Hamburg | www.buch-herstellungsbuero.de
Druck und Bindung: Salzland Druck, Staßfurt

Wir drucken in Deutschland.

www.gabal-verlag.de
www.gabal-magazin.de
www.facebook.com/Gabalbuecher
www.twitter.com/gabalbuecher
www.instagram.com/gabalbuecher

PEFC zertifiziert
Dieses Produkt stammt aus nachhaltig bewirtschafteten Wäldern und kontrollierten Quellen.
www.pefc.de

Inhalt

Teil 3
Future Fitness: 11 Initiativen, um die Innovationskraft im Unternehmen zu erhöhen, ins Übermorgen zu starten und zu einem Überflieger der Wirtschaft zu werden 119

Intro: Hier entlang zu den Honigtöpfen der Zukunft

© Anne M. Schüller

Du hast eine Idee. Eine richtig gute Idee. Sie elektrisiert dich. Sie lässt dich nicht mehr los. Sie will raus in die Welt, weil sie etwas zum Besseren wendet. Nun brauchst du nur noch dreierlei: Mut, Rückenwind und eine versierte Vorgehensweise.

Klar, man wirft keine Ideen wie bunte Bälle in den Raum, in der Hoffnung, dass wer auch immer sie auffängt, was daraus macht. Damit sich ein Spiel von besonderer Güte entwickelt, ergreifst *du* die Initiative, wirst *du* zum mutigen Macher. Finde dich nicht mit schlechten Umständen ab. Lass nicht alles mit dir machen. Warte nicht, bis andere losmarschieren, mach dich selbst auf den Weg. Zaudre auch nicht, bis jemand deine Genialität entdeckt und dir eine Einladung schickt. Du selbst startest das Spiel. Auf andere zu zeigen oder tatenlos abzuwarten, bis *die* sich bewegen, das bringt rein gar nichts. Probier es im nächsten Meeting einmal aus: Wenn *alle* auf den Nächsten zeigen, damit der/die was verändert, was passiert? Nada, niente, nichts.

Es sind nicht »der Staat«, »die Gesellschaft«, »das Unternehmen«, die Wandel bewirken. Am Ende der Entscheidungskette steht immer ein Mensch. Als Unternehmer:in hast *du* die Wahl, wie du den Markt bereicherst. Als Mitarbeiter:in kannst *du* bestimmen, wen du wie mit deiner Arbeit voranbringst. Als Investor:in legst *du* fest, wer dein Geld wofür erhält. Als Kunde kannst *du* beschließen, wen du unterstützt – und wen nicht. Die kollektive Macht engagierter Menschen kann mithilfe des Web eine breite Öffentlichkeit mobilisieren. Und jeder profilierte Influencer, der seine Stimme erhebt, kann das Notwendige sinnvoll verändern, damit eine wünschenswerte Zukunft entsteht.

Die Zutaten, damit das Übermorgengestalten gelingt

Weichensteller, Innovator, Übermorgengestalter: Du und ich, wir alle können das sein. Jeder kann Initiativen ergreifen, die das Leben lebenswerter machen, die Arbeit befruchten, drängende gesellschaftliche Probleme lösen. Also: Flieg los. Fang an zu tanzen. Werde aktiv. Jeder kann einen Unterschied machen. Tu *du* den ersten Schritt. Für ein besseres Leben. Für eine bessere Zusammenarbeit. Für unseren Heimatplaneten.

Wie die Kulturanthropologin Margaret Mead einmal so kraftvoll sagte: »Zweifle nie daran, dass eine kleine Gruppe engagierter Menschen die Welt verändern kann – tatsächlich ist dies die einzige Art und Weise, in der die Welt jemals verändert wurde.«

Da war zum Beispiel dieses junge Mädchen, fast noch ein Kind. Ganz allein hat es sich jeden Freitag mit einem handgemalten Pappschild vor das schwedische Parlament gesetzt. Anfangs wurde es nur von ein paar Passanten angesprochen. Nicht einmal ein Jahr später gingen Millionen mit Greta Thunberg auf die Straße. In kürzester Zeit hat sie eine Bewegung ins Rollen gebracht, die den Klimaschutz – endlich – ins Zentrum der Weltpolitik holte. Ja, sie wurde gefeiert, aber auch reichlich mit Dreck beworfen. Denn so ist das nun mal: Wer Neues in die Welt bringt, muss auch Hass und Häme ertragen. So haben, als sie sich im Sommer 2019 mit einer Segelyacht auf den Weg zur Klimakonferenz nach New York begab, die Kurzsichtigen nur gesehen, was das alles kostet, nicht aber, welchen maßgeblichen Ruck das weltweit bewirkt.

Klar, nicht jeder ist Greta. Doch genau dieses Beispiel zeigt die Prinzipien auf, die eine Veränderungsinitiative, ganz egal, ob groß oder klein, erfolgreich machen:

1. Zunächst brauchst du eine Idee, für die du brennst, an die du felsenfest glaubst, für die du etwas auf dich zu nehmen bereit bist.
2. Rede mit unterschiedlichen Menschen über deine Idee, um deinen Blickwinkel zu weiten, neue Perspektiven zu entdecken und die Idee zu schärfen.

3. Danach ist es entscheidend, nicht allein zu bleiben. Such dir Mitstreiter, Follower, Unterstützer, Verbündete, gut Vernetzte.
4. Spiel nicht den Anführer, nur, weil du der Initiator bist. Sei ein Gleicher unter Gleichen. Alle bringen etwas ein, um zum Erfolg beizutragen.
5. Definiert euer Ziel und den Purpose, den »Reason Why« eurer Aktion. Findet einen klingenden Namen, vielleicht sogar ein passendes Logo.
6. Schafft eine Netzwerk-Plattform, über die ihr euch unkompliziert austauschen könnt. Sorgt zudem für reale Treffen. Klärt Strukturen und Verantwortlichkeiten.
7. Fliegt in der frühen Phase unter dem Radar, damit ihr gefahrlos erkunden, üben, experimentieren und testen könnt.
8. Steht das Konzept, dann sucht euch einen Sponsor und Schutzpatron, der euch Ressourcen gibt und an höherer Stelle unterstützt.
9. Rechnet mit Widerstand, mit Bremsern und Blockierern. Bereitet euch fachlich und emotional auf sie vor. Seid faktensicher, schärft eure Argumente.
10. Wenn die Sache dann läuft, macht euch sichtbar, hängt es an die große Glocke, sucht euch Bühnen, verbreitet gut erzählte Erfolgsstorys, schmiedet Allianzen, feiert das Gelingen

Selbst durch den kleinsten Anstoß kann eine Zukunft entstehen, die wir haben wollen. So auch bei der Initiative »Gerne per Du«. Sie begann damit, dass jemand diese drei inspirierenden Worte unter seine E-Mail-Signatur setzte und als Hashtag (#gernperDu) benutzte. Dieser minimale erste Schritt hat ganze Unternehmenskulturen verändert.

Die wichtigste Aufgabe einer Company, die den Sprung nach vorn machen will, ist dann die, vielversprechende Flugversuche *nicht* zu verhindern. Ein Vogel kann nur zeigen, wie hoch und wie weit er fliegt, wenn man ihn aus seinem Käfig entlässt. Neuerungen können insofern nur dort entstehen, wo es den passenden Nährboden gibt:

- die Erlaubnis zum Widerspruch,
- ein freizügiges Teilen guter Ideen,
- eine ergebnisoffene Lernkultur und
- Freiraum zum Experimentieren.

Gib Menschen Spielraum, und sie werden dich in Staunen versetzen. In positives Staunen. Wir wollen nicht verändert werden, wir wollen verändern. Freiwilligkeit ist die wichtigste Zutat für Antrieb und Umschwung. Dann tun wir etwas nicht, weil wir es müssen, sondern deshalb, weil wir es wirklich wollen. Was wir selbst erschaffen haben, lassen wir nicht mehr im Stich. Wir verbinden uns mit der gefundenen Lösung.

Mitarbeitende geben ihre Gedanken aber nur dann preis, wenn sie glauben, dass diese Wertschätzung erfahren. Und wenn sie wissen, dass Fehler kein Beinbruch sind. Denn Fehler sind der Preis für Evolution und Innovation. Fehler machen bedeutet: Üben, um siegen zu lernen. »Wenn wir nicht genügend Fehler machen, heißt das, dass wir nicht genügend neue Dinge ausprobieren«, sagt Philip Knight, Gründer der Lifestyle-Marke Nike. *So* können bahnbrechende Erfolge gelingen. »Just do it« beginnt eben damit, sich gemeinsam zu trauen, etwas zu wagen – auch ohne explizit um Erlaubnis zu fragen.

Selbst das Geröll aus Glanz- und Gloria-Zeiten erstickt *nicht jedes* Ideenpflänzchen im Keim. Ständig geschehen kleine Wunder. Frisches Grün macht sich breit. Überall bricht das junge Leben sich Bahn. Will heißen: Auch in konservativen Unternehmen sind die Spielräume oft größer, als du denkst. Wenn du sie dir doch nur nehmen würdest! Also: Warte nicht auf eine Bewilligung. Tu dich mit Gleichgesinnten zusammen. Heckt gemeinsam einen zukunftsweisenden Plan aus. Und dann los! »In unseren Gesprächen in Organisationen merken wir, dass gute Ideen vor allem deshalb nicht erprobt werden, weil die Kollegen annehmen, man würde sie ohnehin nicht lassen«, schreiben Sabine und Alexander Kluge in ihrem Buch *Graswurzelinitiativen*. Und sie sprechen von Vorständen, die klar konstatieren: »Wir werden Veränderungen immer weniger Top-down treiben können, wir müssen auf das Potenzial aus der Mitte setzen, wenn wir als erfolgreiches Unternehmen in komplexen Zeiten weiterhin eine Rolle spielen wollen.«[1]

Bahn frei: Die Zukunft wird auf niemanden warten

Die Zukunft ist wie ein Laufband. Wer stehen bleibt, fällt sofort hinten runter. Und das Laufband ist auf superschnell eingestellt. Zudem lauern Ungewissheiten an jeder Ecke. Wir wissen nicht, was da kommt, wann es kommt und wie es uns trifft. Doch immerhin lässt sich sagen: Der Klimawandel und die fortschreitende Digitalisierung werden unsere Zukunft einschneidend verändern. Ein dritter maßgeblicher Megatrend ist die Kundenzentrierung. *Nicht* Produkte und Technologien, sondern zahlungswillige Kunden entscheiden darüber, wer die Märkte von morgen besetzt.

Alle drei Trends entwickeln sich exponentiell, und das bedeutet: erst langsam, dann plötzlich ganz schnell. So lässt sich höchstens erahnen, wo uns das hinführt.

> Jede Innovation ist zugleich Anstoß für weitere Innovationen. Die Neukombination bislang getrennter Technologien und Industrien erzeugt vielerlei Wechselwirkungen, die man im Vorfeld gar nicht absehen kann. Die zunehmende Vernetzung erzeugt quasi ein Eigenleben. Jede technologische Verbesserung führt zudem dazu, dass die nächste Verbesserung rascher erreicht werden kann.

In einem derart dynamischen, unvorhersehbaren Umfeld ist es unmöglich, im Voraus zu wissen, was funktionieren wird und was nicht. Längerfristige Prognosen sind fast unmöglich. Wer zögerlich wartet, wie sich das Ganze entwickelt, wird nicht schnell genug sein, um die Vorsprünge Anderer einzuholen.

Der Ursprung neuester Technologien liegt bei den visionären Deep Tech Companys, die man U0 nennen könnte. Sie sind viel schneller als die klassischen Unternehmen. Angezogen von der Faszination ihrer Sprunginnovationen sind die Kunden ähnlich schnell unterwegs. Genügend Menschen werden es kaum abwarten können, jede Neuerung auszuprobieren, die sie erfolgreicher macht und ihnen ein besseres

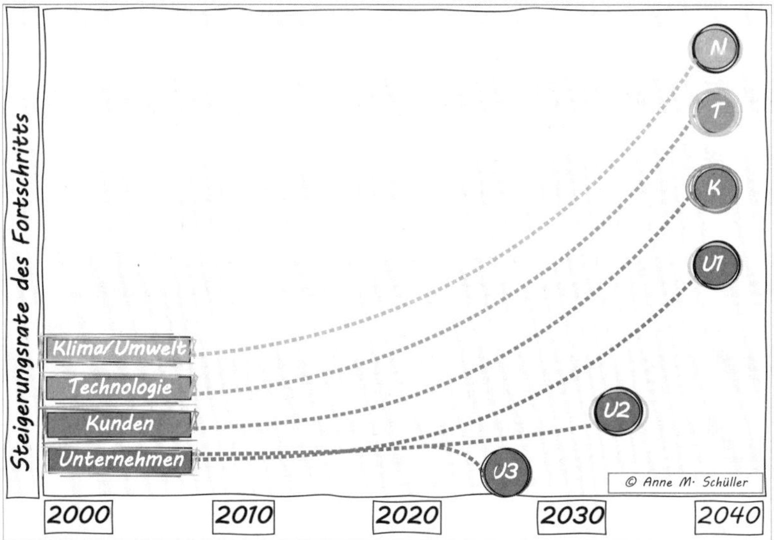

Abb. 1: Die Entwicklung von Unternehmen, Kundenverhalten, Umweltthemen und Technologien im Zeitverlauf

Leben verheißt. Aus den positiven Erfahrungen solcher Early Adopter erwachsen dann neue Anforderungen an alle Player im Markt. So wird das Neue zu einem unverzichtbaren Teil unseres Lebens. Was menschenmöglich ist, erweitern, optimieren, innovieren wir, seit es uns Menschen gibt.

U1-Unternehmen sind die, die diese Entwicklung verstehen. Sie folgen der Technologie und den Kunden. Das sind *nicht* zwangsläufig nur Jungunternehmen, auch jede etablierte Company kann dies schaffen. Solche Unternehmen stellen sich dem unvermeidlichen Wandel. Sie streben nach wirtschaftlichem Fortschritt und zugleich nach menschlichem Wohlergehen. Mithilfe ihrer Übermorgengestalter entwickeln sie vielfältige Initiativen, um sich zukunftsfähig zu machen. Was sie als Gewinner von den Verlierern unterscheidet, ist die Lust an Veränderung und Innovation. Sie sind Vorreiter statt Nachzügler, Gestalter statt Verwalter, Regelbrecher und nicht Regelhüter.

Was U1-Unternehmen explizit anders machen (später dazu mehr):

1. Sie lieben Kunden mehr als interne Effizienz und Ego-Ziele.
2. Sie favorisieren umweltfreundliche Herangehensweisen.
3. Sie denken ihre Geschäftsmodelle von Anfang an digital.
4. Sie hassen Verschwendung, vor allem in Form von Bürokratie.
5. Ihr Vorgehen ist offen, wendig, flexibel, schnell und vernetzt.
6. Sie nutzen agile, kreative und kollaborative Arbeitsmethoden.
7. Sie organisieren sich niedrighierarchisch mit Minimalstrukturen.
8. Ihre Mitarbeiter:innen arbeiten weitgehend selbstorganisiert.
9. Kund:innen sind von Anfang an in die Entwicklung integriert.
10. Sie agieren iterativ, experimentieren viel und pivotieren schnell.
11. Sie streben nach hoher Skalierbarkeit bei minimalen Kosten.
12. Sie fördern interne Vorausdenker und Übermorgengestalter.

U2-Unternehmen sind solche, die mit dem Lauf der Dinge nicht Schritt halten werden, weil sie linear weiteragieren, also von der Vergangenheit auf die Zukunft schließen und mit alten Rezepten auf neue Situationen reagieren. Sie favorisieren weiterhin Planbarkeit. Doch die wird es, so starr wie früher, nicht mehr geben. Die Zukunft, die uns erwartet, entsteht nicht in geraden Linien, sondern in plötzlichen Sprüngen. Fortan wird man sich aufmachen müssen, ohne den genauen Weg schon zu kennen. Damit sich ihre Transformationsdefizite also nicht noch vergrößern, müssen zunächst die Fortschrittswiderständler konsequent wegbugsiert werden. Bekommt dann eine veränderungsfreudige Vorhut das Sagen, gelingt der notwendige Wandel am Ende doch – und der Aufschwung beginnt, wenn auch spät. Man wird zu einem U1-Unternehmen.

Behalten hingegen die Bestandsverwalter, die Zauderer und Scheuklappenträger die Macht, wird man, wie die Abbildung zeigt, zu einem U3-Unternehmen. Die verpassen den Anschluss, werden zum Auslaufmodell, tröpfeln aus. Auch wenn sie es selbst nicht wahrhaben wollen, werden sie vielen einst klingenden Namen ins Vergessen folgen.

Mit passenden Quick Wins kommt ihr schneller ans Ziel

»Corporates haben ein Geschwindigkeitsproblem. Dies betrifft nahezu alle Ebenen, von der Entscheidungsgeschwindigkeit über die Reaktionsgeschwindigkeit bei Marktveränderungen bis zur Innovationsgeschwindigkeit«, schreibt Bastian Halecker, Professor für BWL & Entrepreneurship an der Uni Potsdam.[2] Corporates, also klassische Unternehmen, müssen zwangsläufig nicht nur mutiger, sondern auch schneller werden. Die Veränderungsdynamik kann dabei in zwei Richtungen gehen:

>> **Big Wins:** Das sind Strategieprojekte, die durch transformative Innovationssprünge und Disruptionen geradewegs in die Zukunft führen. Sie erfordern radikal neue Denk- und Handlungsmuster, um gänzlich neue Leistungsdimensionen zu erschließen. Solche Neuerungen haben einen hohen Innovationsgrad, sodass sie bestehende Geschäftsfelder komplett verändern. Sie sind immer ein Angriff auf das Etablierte. Deshalb werden sie anfangs belächelt, niedergemacht und mit Zynismus bedacht. So wurde Tesla jahrelang von den klassischen Autobauern verspottet, jetzt werden sie von Tesla gejagt. Allein im dritten Quartal 2021 machte Tesla 1,6 Milliarden US-Dollar Gewinn[3], obwohl die »keine Autos bauen können«. Ex-Siemens-CEO Joe Kaeser hat Elon Musk einst als Kiffer bezeichnet, der von Peterchens Mondfahrt träume. Doch siehe da: Längst führt Musks Firma SpaceX kommerzielle Flüge ins Weltall durch. Die dazu benötigten Raketenstufen kommen heil zur Erde zurück und sind wiederverwendbar, etwas, das nicht mal der NASA gelang.

>> **Quick Wins:** Das sind rasch umsetzbare, praxisnahe Maßnahmen und Tools, die mithilfe der Mitarbeiter:innen überholte Bürokratie abbauen, Prozesse agilisieren, neue Ideen produzieren und Innovationsprozesse beflügeln. Weitgehend selbstorganisiert kommen intelligentere, effizientere, passendere Wege der Aufgabenbewältigung, der Zusammenarbeit und der Zielerreichung zum Einsatz. So erzeugt ihr eine erstens fortwährende und zweitens vorausschauende Selbsterneuerung in überschaubaren Schritten – gekoppelt an schnelle Erfolge. Denn je kleiner die zu ändernde Einheit, desto leichter kann sie umgesetzt werden. Sind die Mitarbeitenden daran gewöhnt, sich permanent anzupassen, ist es viel leichter, Wandel voranzubringen. Veränderungskraft wird zur Normalität, weil sie durch ständiges Ausprobieren, Reflektieren, Adaptieren und Optimieren de facto täglich trainiert wird – und weil Erfolge sich so zügig zeigen. Wir Menschen brauchen das gute Gefühl, etwas geschafft zu haben.

Damit ihr schnell in Fahrt kommen könnt, habe ich in diesem Buch eine umfassende Sammlung von Quick Wins erstellt. Ganz entscheidend dabei: Quick Wins müssen einfach sein. Und sie visieren Nahziele an. Viele solcher Initiativen entstehen zunehmend ganz ohne Mandat. Im Operativen wissen die Mitarbeitenden selbst am besten, welche Abläufe umständlich, mühsam oder veraltet sind, also die Zusammenarbeit stören oder beim Kunden Qualen auslösen. Quick Wins werden auch nie gleich als Muss vorgegeben, sie stellen Anregungen dar. Weil im Vorfeld nicht klar ist, wie die Organisation darauf reagiert, werden sie ganz unkompliziert zunächst als Experiment für eine festgelegte Dauer getestet – und dann übernommen, gestoppt oder weiterentwickelt. So machen gute Quick Wins die Anwender frei von hierarchischer Fremdsteuerung – und zugleich das Unternehmen rasch sehr viel besser.

Kreative Weiterdenker und mutige Andersmacher im Unternehmen, manchmal auch liebevoll als Corporate Rebels bezeichnet, sind gerade dann, wenn es um Quick Wins geht, unverzichtbar. Sie sind denen, die weniger couragiert sind, ein Vorbild. Wie ein Katalysator setzen sie Prozesse in Gang, die sich im gesamten Unternehmen weiterverbreiten. So bringen sie Agilität und Veränderungswillen bis in den letzten Winkel einer Organisation. Zudem können sie zum Sprachrohr all derer werden, die Veränderungen längst ebenfalls wollen, dies aber typbedingt nicht anzusprechen wagen. Zudem können sie denen wieder Auftrieb geben, die früher öfter mal Neuartiges einzubringen versuchten, aber abgekanzelt wurden und desillusioniert geworden sind.

Die Triade: Future Skills, Future Working, Future Fitness

Der Sprung in die Zukunft kann nur dann gelingen, wenn drei Ebenen in Einklang sind: das Individuum, das Team und die gesamte Organisation. So ist das Buch in drei Teile gegliedert. Auch innerhalb der einzelnen Kapitel wird diese Triade stets sichtbar. Zudem schwingen Vernetzung, Kollaboration und Adaptionskompetenz immer mit.

>> **In Teil 1 geht es um Future Skills**, das sind zukunftsweisende Kompetenzen. Kompakt findet ihr dort die aus meiner Sicht sieben wichtigsten Initiativen.

>> **In Teil 2 geht es um Future Working**, das zukunftsfähige Zusammenarbeiten. Auch hier habe ich für euch sieben wesentliche Initiativen zusammengestellt.

>> **In Teil 3 geht es um Future Fitness**. Dort findet ihr elf Initiativen, die die Innovationskraft eines Anbieters erhöhen und ihn zu einem Überflieger der Wirtschaft machen.

Über ein paar dieser Themen habe ich hie und da schon ansatzweise geschrieben, vor allem in meinem Querdenkerbuch. Es handelt von den echten, wahren, konstruktiven Querdenkern und Zukunftsgestaltern, die der Menschheit zu allen Zeiten den Fortschritt brachten. Leider haben die »Sogenannten« auf der Straße den Begriff derart verschandelt, dass der Verlag und ich uns entschlossen haben, das Buch vom Markt zu nehmen, um nicht in eine falsche Ecke gestellt zu werden. Einige der dort erwähnten Initiativen sind aber einfach zu wertvoll, um in der Makulatur zu verschwinden. Diese habe ich hier geschärft, weiter vertieft und noch praxisrelevanter gemacht.

Die ausgewählten Maßnahmen sind leicht umzusetzen und für jedes Unternehmen relevant. Ich habe sie nicht wie eine Bastelanleitung haarklein beschrieben, sondern nur ausführlich skizziert. So könnt ihr euch, ganz im Sinne des selbstorganisierten Miteinanders, gemeinsam Gedanken darüber machen, was sich wie bei euch und im Unternehmen am besten umsetzen lässt. Dazu drei Tipps:

>> **Nicht kopieren!** Jede Firma muss ihren eigenen Weg finden. Blaupausen sind höchst gefährlich, denn keine zwei Unternehmen sind gleich. Branchen und Märkte sind genauso individuell wie Geschäftsmodelle, Unternehmenskultur und Kundenstrukturen. Die Größe spielt eine Rolle. Landestypische Gegebenheiten sind zu beachten. Und es kann Restriktionen geben, die einem durch Gesetze, Behörden, die Börse, Investoren oder Anteilseigner auferlegt werden.

>> Durststrecke einkalkulieren! Prozessmusterwechsel können zunächst zu Leistungseinbrüchen führen. Die neuen Abläufe müssen ja erst eingeübt werden. Das führt womöglich zu einer Durststrecke, die man aushalten und durchstehen muss. Jeder Leistungssportler kennt dieses Phänomen. Man verlässt vertrautes Terrain, ist verunsichert, zweifelt, hat Anlaufkosten. Das wird man nur dann auf sich nehmen, wenn die Zukunftseinstellung positiv ist. Die Chancen des Neuen müssen die Risiken überstrahlen.

>> Nicht in einem Ruck! Transformationsinitiativen sollten, das sagen alle, die sie hinter sich haben, nicht in einem Ruck, nicht überhastet und nicht auf die harte Tour umgesetzt werden. Wer alle Wände gleichzeitig einreißt, dem fällt das Dach auf den Kopf. Ein Schritt-für-Schritt-Vorgehen ist viel besser geeignet, um seine gesteckten Ziele insgesamt zu erreichen. Entscheidend dabei ist, mit dem ersten Schritt rasch zu beginnen. Denn »später« heißt heute nicht selten »zu spät«.

Große Neuerungen können nur dort gelingen, wo es die passenden Strukturen und Mindsets gibt. Kein Unternehmen wird Innovationssprünge erzielen, wenn es seine Mitarbeiter:innen dafür belohnt, ihre Arbeit »at target, on budget, in time« abzuliefern, also Punktlandungen auf Vorgaben zu machen. Niemand kann sich mit dem Übermorgen befassen, wenn er Zielen aus dem Vorjahr hinterherlaufen soll. Wer vorgefassten Verfahrensweisen präzise folgt, erblindet für die tatsächlichen Chancen.

> Im Neuland gibt es keine Erfolgsgarantien – und keine Vollkaskoversicherung für gute Ideen. Zukunft kann man nicht zählen und messen, denn sie ist noch gar nicht passiert. Märkte, die noch nicht existieren, können nur hoffnungsvoll eingeschätzt werden. Ein Albtraum für den Controller. Der will keine Abenteuer, sondern exakte Zahlen und einen festen Plan. Hey, nur mit Wagemut gelingen die großen Sprünge.

Innovationen sind der Umsatz von übermorgen. Man muss frühzeitig beginnen, um sie startklar in der Pipeline zu haben, wenn die alten Lösungen es nicht mehr bringen. Wer Neuheiten erschaffen will, die

die Menschen tatsächlich in ihr Leben lassen, braucht eine Ausprobier- und Experimentierkultur, die das Vorwärtsdenken für alle Beschäftigten zu einer Selbstverständlichkeit macht. Manche gehen dabei voran, andere folgen. Gute Resultate werden gesehen, gewürdigt und gefeiert. Auch Versuche werden anerkannt und belohnt, denn zwangsläufig kommt man um Misserfolge nicht herum. Umwege erhöhen die Ortskenntnisse, heißt es so schön. Die Zukunft liegt in den Händen unkonventioneller Ideengeber, die mit jungem, wildem, kühnem Denken und Tun die entscheidenden Umbrüche wagen.

Wer (1) die Talentdichte, das Können und die Spielräume des Dürfens erhöht, (2) Genehmigungsverfahren, Regelwerke und Kontrollmechanismen reduziert, (3) Offenheit, Kollaboration, Vernetzung und Innovation in den Vordergrund rückt, gewinnt (4) die besten Mitarbeiter:innen, die besten Kund:innen und erzielt (5) die besten Lösungen. Dies erzeugt eine Aufwärtsspirale, die einen im Nu zu den Honigtöpfen der Zukunft führt.

So lade ich euch nun ein, umzublättern. Habt Spaß beim Lesen, freut euch auf eure Geistesblitze, macht die Bahn frei und legt euch mächtig ins Zeug, damit die besten Ideen dann auch tatsächlich umgesetzt werden.

PS: Einige Sätze in diesem Buch erscheinen in größerer Schrift, weil sie mir besonders wichtig sind. Diese könnt ihr, wie natürlich alle anderen Passagen auch, zum Beispiel abfotografieren oder einscannen und in den Social-Media-Kanälen mit eurer Followerschaft teilen.

TEIL 1

FUTURE SKILLS

7 Initiativen, um die Menschen stärker zu machen

#1 Übermorgengestalter: Von nun an dringend gebraucht

Kennt ihr den Kairós? Er ist ein Gott aus dem Olymp, womöglich ein Sohn des Zeus. Kairós steht für den richtigen Augenblick, den passenden Moment, die besondere Gelegenheit, die man aktiv ergreifen kann, um den Fortgang der Ereignisse und damit seine Zukunft zu gestalten. Der Bildhauer Lysippos hat Kairós als Jüngling dargestellt, der an der Stirn eine lockige Haarsträhne trägt, jedoch einen kahlen Hinterkopf hat. So bekommt man ihn nicht mehr zu fassen, sobald er mit seinen geflügelten Füßen vorbeigehuscht ist. Daher die Redewendung: Die Gelegenheit beim Schopfe packen.

Man muss behände sein, ein gutes Auge haben und die Herausforderung lieben, will man die Chance, den Kairós zu fassen kriegen. Übermorgengestalter sehen ihn schon von Weitem kommen und erwischen seine Haarlocke oft. Über alle Grenzen hinweg entwickeln sie Initiativen, die Ideen, Wissen und Können neu miteinander verknüpfen. Disruptiv kombinieren sie Technologien und vernetzen die virtuelle mit der realen Welt auf immer neue, mutige, bahnbrechende Weise. Denn sie sind Zukunftsversteher.

Zukunftsversteher *verstehen*: Mit alten Schlüsseln lassen sich keine neuen Türen öffnen. Auf ausgetretenen Pfaden kann man kein Neuland entdecken. Und mit alten Landkarten kommt man in neuen Gefilden nicht weit. Sie sind keine Hasardeure oder Fantasten, die sich tollkühn ins Wildwasser stürzen. Sie gehen die Dinge überlegt und planvoll an. Sie sind auch keine Exoten, die jeder nur milde belächelt, sondern sie sind: die wichtigsten Menschen in *den* Organisationen, die die Zukunft erreichen wollen.

Komfortzonenbewohner und veränderungsängstliche Kontinuitätsprotagonisten kann sich kein einziges Unternehmen noch länger leisten. Denn das, was im Markt bereits üblich ist, sorgt für Isomorphie: Alles gleicht sich immer mehr an. Das macht einen Anbieter nicht nur unattraktiv, sondern auch die Preise kaputt. Beides zusammen sorgt für ein baldiges Aus. Will man sich aus diesem Teufelskreis lösen, braucht es ständig neue, gute Ideen – von Menschen, die außergewöhnliche Dinge denken und tun.

> Genau das sind die Menschen, um die es geht: Vorreiter und Pioniere, Weiterdenker und Andersmacher, Game Changer, Freigeister und Innovatoren, die sich mit Neugierde, Mut und Tatendrang ins Neuland wagen. Auch dorthin, wo noch niemand vor ihnen war. Als Aus-der-Reihe-Tänzer, Um-die-Ecke-Denker und Über-den-Tellerrand-Schauer sind sie die treibende Kraft, damit das notwendige Neue »werden kann«.

»Für sowas haben wir eine Innovation Unit«, höre ich oft. Oh, oh! Innovationsgeist darf man nicht in eine Abteilung sperren, er muss das ganze Unternehmen durchfluten. Denn permanente Vorläufigkeit ist die neue Normalität. Nur die wendigen, flinken, anpassungsfähigen Firmen werden das überleben. Dies braucht Veränderungswillen und Adaptionsvermögen in jedem Bereich. Dabei stellen sich folgende Schlüsselfragen:

- Wie wird der Klimawandel den Planeten und damit auch unser Leben und Arbeiten verändern?
- Wie schreitet die Digitalisierung voran, und welchen Nutzen bringt sie unseren Kunden und uns?
- Was kann ich als Einzelner in der Welt und im Unternehmen tun, um Positives in Gang zu bringen?

Übermorgengestalter, Innovatoren und Pioniere sind eine Investition in die Zukunft des Unternehmens – wenn man sie beflügelt und zupackend machen lässt. Sie sind, wie die Joker in einem Kartenspiel, vielseitig einsetzbar und erhöhen, clever genutzt, die Gewinnchancen sehr.

Hast du das Zeug zum Übermorgengestalter?

Übermorgengestalter sind aufgeschlossen und innovationsbegeistert. Ganz besonders lieben sie diesen Moment, wenn sie das Alte hinter sich lassen, um sich fantasievoll nach vorne zu wenden und eine neue Idee in die Welt zu bringen – trotz der eigenen Angst und der Zweifel. Und trotz all derer im Umfeld, die einen warnen. Denn ganz klar: Niemand weiß, was sich im Neuland verbirgt. Übermorgengestalter sehen das vor allem als Chance. So können sie für die entscheidenden Innovationssprünge sorgen.

Doch neuartigen Ideen weht oft eine steife Brise entgegen. Zudem sind die, die kühnes, forsches Neues ausrufen, so manchen im Unternehmen ein Graus. Verlustaversion, Besitzstandswahrung und Trägheit sind weit verbreitet. So braucht es Leidenschaft, Beharrlichkeit und Überzeugungskraft, um andere für seine Vorhaben zu gewinnen. Übermorgengestalter dürfen sich also nicht isolieren. Zudem müssen sie »trommeln« und ihre Sache gut verkaufen: durchdacht, nachdrücklich und zugleich *sehr* geduldig.

Am Anfang steht für einen Übermorgengestalter die Frage nach dem eigenen »Why«:

- Warum will ich mich als zukunftsaffiner Weiterdenker, Andersmacher, Erneuerer und Game Changer exponieren?
- Welche Ideen will ich in die Welt bringen und/oder unterstützen? Was will ich bewegen und damit bewirken?
- Was ist die höhere Bedeutung und die ganz besondere Wirkung, die meine Vorstöße im Leben der Menschen spielen können?
- In welcher Art Organisation kann das gelingen? Machen die Initiativen, die ich einbringen will, dort überhaupt Sinn?

Ein weiterer entscheidender Punkt – gemeinsam geht mehr als allein. Bilde also, am besten über das eigene Unternehmen hinaus, ein Netzwerk von Game Changern und Übermorgengestaltern – oder schließ dich einem bestehenden an. Als Veränderer ist man kein einsamer Wolf. Man rennt auch nicht mit dem Kopf durch die Wand. Man umgibt sich vielmehr mit Vertrauten und schart Multiplikatoren um sich. Man macht sich sichtbar, diskutiert seine Ideen offen und transparent.

Man nutzt die Reflexion in der Gruppe, um seine Gedankenrohlinge, Ideenfunken und Geistesblitze zu schärfen.

Stelle also deine Ideen in internen Medien zur Vorabdiskussion ein oder sprich Wunschpersonen aus deiner Community direkt an: »Ich möchte einen allerersten Einfall mal mit dir bereden, es ist sozusagen ein Frühchen, das noch Unterstützung benötigt.« Oder suche dir gezielt einen Sparringspartner: »Ich würde gern mal etwas mit dir diskutieren, weil deine Meinung mir wichtig ist.« Ein solcher Austausch bringt einen womöglich auf völlig neue Gedanken. Und ein erstrebenswerter Zusatzeffekt: Indem du andere miteinbeziehst, erzeugst du den »Mein-Baby-Effekt«: Deine Idee wird auch ihre, und das macht sie zu engagierten Mitbotschaftern deiner Sache.

Stelle dich selbst als Diskussions- und Reflexionspartner zur Verfügung, bevor du andere darum bittest. Teile dein Wissen, bevor du andere nach ihrem fragst. Zeige Interesse an und Respekt vor den Perspektiven, Impulsen und Feedbacks der anderen, dann werden sie es auch bei dir so machen. Das ist das Prinzip von Geben und Nehmen.

Einem Übermorgengestalter stehen viele Türen offen, wenn man ihn im Unternehmen als denjenigen kennt, der ambitionierte Veränderungsinitiativen erfolgreich umsetzen kann. Dazu braucht er das, was man »Sichtbarkeit« nennt. Denn alle, die von seinem Vorschlag »betroffen« sind, werden sich als Erstes fragen: Wer ist das? Wer kennt ihn? Wofür steht er? Kann man mit ihm Projekte stemmen? Macht er daraus einen Erfolg, sodass ich ebenfalls glänze? Oder kriegt der das womöglich nicht hin, sodass mir das Nachteile bringt? – »Oh nein, bitte nicht der schon wieder!«, sagt einer, den man fragt. »Wieso denn, mit dem kann man durchs Feuer gehen. Der packt das«, sagt eine Zweite.

Sichtbarkeit und ein guter Ruf sind vor allem dann überaus wichtig, wenn es um größere Vorstöße geht, die vor ein Entscheidungsgremium müssen. Geradezu ideal ist es in diesem Fall, wenn du einen aktiven Förderer und Fürsprecher hast. Hast du hingegen aus welchen Gründen auch immer in höheren Kreisen Feinde und niemanden, der dich schützt, ist das Thema oft schon vom Tisch, bevor es serviert werden konnte.

Ein Extratipp: Pinne den Fortgang deiner Innovationsinitiativen an ein Kanban Board in deinem Arbeitsbereich. Dann hast du es erstens schriftlich und zweitens immer vor Augen. Alle sollen das sehen? Klar, was du tust, sollte so öffentlich wie möglich sein – und sich als Erfolgsstory weitläufig verbreiten.

Übermorgengestalter haben ein Future Mindset

Übermorgengestalter lieben alles, was mit der Zukunft zusammenhängt. Sie haben ein Future Mindset. Sie sind aufgeschlossen für das Wohlergehen der Menschen, für ein gutes Leben, für Digitales und alles rund um den Schutz des Planeten.

Sie haben Interesse an persönlichem Wachstum und Lust auf Veränderung. Sie sind unbezähmbar neugierig auf Neues. Sie lieben Herausforderungen und unternehmen hohe Anstrengungen, um sich ständig zu verbessern. Sie gehen davon aus, dass sich Fähigkeiten durch Ausprobieren, Übung und Ausdauer weiterentwickeln. Sie bitten um Feedback und denken über berechtigte Kritik konstruktiv nach. Fehlschläge sind für sie Ansporn auf dem Weg zum Erfolg. Sie können es »im Moment noch nicht«, die Lösung war »noch nicht ganz« die richtige, aber das wird schon, wenn sie es weiter versuchen. So entwickeln sie stets bessere, ausgefeiltere Initiativen. Sie haben Kontextkompetenz weit über den Horizont des eigenen Fachwissens hinaus. Und sie besitzen die Fähigkeit, einen Aktionsraum für gemeinsames Lernen und Wachsen zu schaffen.

Veränderungswirken wird zwar durch ein passendes Umfeld begünstigt, ist aber zuvorderst Einstellungssache. Also: Siehst du dich als aktiver Gestalter – oder schlüpfst du lieber in eine passive Rolle? Ehrlichkeit mit dir selbst gibt die Sicht frei, deine Situation zu bewerten. Willst du nur gelegentliche Veränderungsinitiativen starten? Oder traust du dir Großes zu? Wartest du auf Gelegenheiten? Oder suchst du diese gezielt? Klar muss man auch realistisch bleiben und seine Möglichkeiten austarieren. Die Frage ist also letztlich, ob du die Begrenzung oder den Gestaltungsraum siehst.

Vergleichen wir das mal mit einem Fußballfeld. Es hat zwar Außenlinien, die die Grenzen des Spiels markieren, doch innerhalb dieser Linien kann jeder glänzen. Natürlich, ein Spieler könnte darüber klagen, dass ihm das Spielfeld zu groß oder zu klein ist, dass der Trainer sein Talent nicht erkennt, dass das Tor so irre weit weg steht, die Schuhe drücken, die Fans die falschen Lieder singen und der Schiedsrichter idiotisch pfeift. Oder er entscheidet sich dazu, das Spiel seines Lebens zu spielen. So wird man zum Handelnden und erlebt sich in einer Position der Stärke.

> Übermorgengestalter sind Brückenbauer zwischen gestern, heute und morgen, Voraustrupp ins Neuland, Helfershelfer auf dem Weg in die Zukunft, Lotsen in die kommende Zeit. Sie sind Wachrüttler, Infragesteller, Sinnsucher, Wegbereiter, Kundschafter, Lösungsfinder, Vernetzungsexperten. Sie sind Mittler zwischen veraltetem Tun und zukunftsfähigen Vorgehensweisen. Sie sprengen den »So-machen-wir-das-hier-Rahmen« und denken weit nach vorn. Sie ehren das Gute und plädieren zugleich für das bessere Neue.

Sie agieren wie ein Frühwarnsystem. Oft sind sie die Ersten, die instinktiv merken, wenn in der Firma was aus dem Ruder läuft. Sie sprühen vor Ideen, wie man das, was in die Jahre gekommen ist, besser machen könnte, sollte und müsste – im Kleinen wie auch im ganz Großen. Sie reden Klartext, wenn sie Verfahrensweisen aufgespürt haben, die aus der Zeit gefallen sind. Sie brandmarken alles, was für Kollegen und Kunden eine Zumutung ist.

Als Early Adopter und mutige Avantgarde wagen sie sich auch dorthin, wo keiner vor ihnen war. Abenteuer beginnen, wo asphaltierte Wege enden. Vorne im Neuland ist da, wo noch niemand sich auskennt und wo man erst einen Weg finden muss. Die meisten Chancen gibt es auf unbekanntem Terrain. Und ja natürlich, dabei kann man sich grauslich verlaufen. Doch wer sich nie verirrt, findet auch keine neuen Wege. Und nur wer Risiken eingeht, kann Entdeckungen machen.

Übermorgengestalter sind Generalisten und Brückenbauer

»Wir nähern uns einer postdisziplinären Ära, in der die einzelnen Fachgebiete immer weniger relevant werden und ihre Vernetzung untereinander an Bedeutung gewinnt«, erklärt Ulrich Weinberg, Direktor der School of Design Thinking am Hasso-Plattner-Institut, in einem Interview mit der Wirtschaftswoche.[4] Hierfür werden Menschen gebraucht, die Verbindungen schaffen, Separiertes zusammenbringen und divergierende Interessenlagen synchronisieren. Mit frischen Gedanken, einem wachen Rundumblick und unkonventionellem Tun führen sie ihre Arbeitgeber in die Zukunft.

Dazu zählen auch Koordinatoren, die das Zusammenspiel zwischen künstlicher und menschlicher Intelligenz organisieren und Mensch-Maschine-Interaktionen geschmeidig machen. Firmenintern sind technologische Brücken zu bauen, weil die Digitalisierung alle betrifft, sie lässt sich *nicht* in eine Abteilung sperren. Junge Digitalexpertise und gutes altes Erfahrungswissen müssen miteinander verwoben werden. Die verschiedenen internen Innovationsprojekte brauchen verbindende Elemente. Partnerschaften zwischen Alt- und Jungunternehmen müssen sich sinnvoll zusammenkoppeln. Und alles, was zum Markt hin passiert, muss bereichsübergreifend abgestimmt werden.

So spielen die Interdisziplinären und Horizontal-durch-das Unternehmen-Agierer von nun an eine entscheidende Rolle. Sie vereinen in sich die Fähigkeiten von Spezialisten *und* Generalisten. Sie sind im Weitwinkel-Modus unterwegs. Über ihre eigentliche Expertise hinaus haben sie vielfältige weitere Interessen, sodass sie ganzheitlicher handeln und multitalentiert einsetzbar sind. Sie haben Kompetenzen in mehreren Arbeitsfeldern und denken in großen Zusammenhängen. Dort, wo ein Experte nur Ausschnitte sieht, bringen sie das Beste aus vielen Bereichen zusammen. Sie formen aus den Puzzlestücken der Spezialisten ein »Big Picture«, das ganz große Bild.

Sie haben ein gutes Gespür für die Komplexität des modernen Lebens und einer sich permanent wandelnden Wirtschaftswelt. Sie agieren wie Konnektoren, die das Wissen und Können von heute mit der Zukunft verbinden. Experten denken sich tief in ein Thema rein. Generalisten involvieren mehrere Sachgebiete. Mit beidem zusammen kann es gelingen, die besten Ideen von innerhalb und außerhalb des Unternehmens zu kombinieren. Dies ermöglicht Innovationssprünge in ganz neue Dimensionen.

In Umgebungen, die in hohem Maße von Ungewissheit geprägt sind, sind vielfältige Erfahrungen Gold wert. Sie ermöglichen eine hohe Adaptionsfähigkeit. Zudem treffen Menschen mit weitgespannten Interessen, einem breitgefächerten Wissenshorizont, hoher Integrationskraft und ausgeprägter Kombinatorik unter Unsicherheit bessere Entscheidungen, weil sie mehr Optionen ersinnen können. Sie haben ein größeres eigenes Handlungsrepertoire und mehr Offenheit für andere Herangehensweisen.

Demgegenüber führt enge Spezialisierung zur kognitiven Verankerung. Das bedeutet, man löst aufkommende Probleme auf die immer gleiche Weise und kann sich gar nicht vorstellen, dass es auch andere, bessere Wege zu einem Ziel gibt. Man läuft quasi immer in der gleichen Furche – und verfällt dem berüchtigten Tunnelblick. Und Generalisten? Die fahren Breitband statt Schmalspur, aus dem Tunnel raus statt in den Tunnel rein. Viele Spezialisten hingegen werden bald nicht mehr gebraucht, weil künstliche Intelligenzen in Spezialisten-Jobs besser sind (siehe dazu auch Kapitel #17).

Übermorgengestalter, Generalisten und Brückenbauer, das sind also die Mitarbeiter:innen der Zukunft. Ihr entscheidendes Wissen liegt im Praktischen, nicht in der Theorie. Als Selbstveränderer sind sie überaus anpassungsfähig. So können sie Rollen wechseln und verschiedene Stellen einnehmen, gerade auch dann, wenn bei hoher Dynamik Randthemen plötzlich zum Mainstream werden. Das bedeutet alles in allem: Multiperspektivisches Denken und Handeln ist eine Schlüsselressource der Zukunft.

#2 Selbstwirksamkeit: Für Zukunftsgestalter elementar

Jacob war bis vor Kurzem bei einem großen Modelabel beschäftigt. Eines Tages schlägt er seinem Chef vor, einen innovativen Verkaufskanal aufzubauen, um neue Zielgruppen anzusprechen. Der Chef schenkt dem Vorstoß keine Beachtung, wird sogar barsch: »Mach den Job, für den du eingestellt worden bist, und zerbrich dir über meine Arbeit mal nicht den Kopf.« Keine drei Monate später hat Jacob seine eigene Firma gegründet, die genau die von ihm propagierte Idee verfolgt. Weitere neun Monate später ist sein Start-up profitabel und erwirtschaftet Umsätze, die der Ex-Chef zu seinen hätte zählen können. Und nicht nur das. Viele von Jacobs früheren Kollegen arbeiten inzwischen bei ihm, weil sie das sinnvoller finden. Und wichtige Kunden seines alten Arbeitgebers sind nun seine Kunden, weil der von Jacob eingeschlagene Weg für sie attraktiver ist.

Diese wahre Geschichte bezweckt zweierlei: Sie ist ein Aufruf, das zu verwirklichen, woran man felsenfest glaubt. Und sie ist ein Appell, den innovativen, hochkreativen Neudenkern im Unternehmen mehr Freiraum zu geben. Denn kluge Köpfe lassen sich nicht in Käfige sperren. Dort gehen sie ein wie die Primeln. Oder sie verlassen das Unternehmen zum erstbesten Zeitpunkt und glänzen woanders.

Aus der Motivationsforschung wissen wir längst, dass Menschen dann am engagiertesten sind, wenn sie sich selbst gegebenen, angemessenen Zielen stellen können, die zwar herausfordernd, aber dennoch erreichbar sind. Dann geben sie Gas und drücken auf die Tube. Das Ergebnis wird als Lernerfolg verbucht, den unser Brain heftig feiert: mit einem Cocktail aus körpereigenen Glückshormonen. »Huiii, Dopamin. Fühlt sich gut an. Mach das nochmal. Das war *so* toll.«

Glückshormone sind körpereigene Opiate, ganz legale Aufputschmittel. Sie bringen uns in eine ausgesprochen wohlige Stimmung. Sie machen uns – je nach Art und ausgeschütteter Menge – fröhlich, euphorisch, ekstatisch. Und sie machen uns süchtig. Davon wollen wir mehr. Diese auf Steigerung ausgelegte Strategie der Natur wirkt wie ein Turbo. Sie prämiert unsere Anstrengungen mit dem Aufbau von Millionen von Hochleistungsneuronen. So machen uns Erfolgserlebnisse zunehmend leistungsfähig, unternehmungslustig, selbstsicher, wagemutig und siegesgewiss. Anhaltende Frustration, Handlangerarbeit und Mitläufertum hingegen sorgen dafür, dass der Ehrgeiz schwindet, weil die Produktion von Glückshormonen verebbt.

Menschen wollen wirksam werden, sie wollen die Welt mitgestalten, ihr Unternehmen nach vorne bringen. Man muss nur alles entfernen, was sie daran hindert. Wer hingegen in die Rolle des Erfüllungsgehilfen gedrängt wird, reagiert darauf mit einem lähmenden Ohnmachtsgefühl. Ohnmächtig, also fremdbestimmt und ohne Macht zu sein, das macht uns ganz klein, unsicher und krank. Hingegen blühen wir auf und beginnen, eigenverantwortlich zu handeln und Großes zu wollen, wenn man uns Freiraum gibt.

So funktioniert die (kollaborative) Selbstwirksamkeit

> Unter Selbstwirksamkeit versteht man das aktive Ergreifen von Möglichkeiten aufgrund der Überzeugung, Herausforderungen mithilfe eigener Fähigkeiten und aus eigener Kraft erfolgreich bewältigen zu können. Wer selbstwirksam arbeiten kann, erlebt sich als sinnerfüllt, effizient und kompetent. Das erhöht nicht nur unser Hoffnungsniveau, unseren Optimismus und unser Selbstbewusstsein, es macht uns auch zutiefst glücklich.

Das Konzept der Selbstwirksamkeit geht auf den kanadischen Psychologen Albert Bandura zurück. Er analysierte menschliches Verhalten über Jahre hinweg und kam zu dem Ergebnis: Um überhaupt mit einer

Handlung zu beginnen, müssen Menschen der festen Überzeugung sein, diese auch tatsächlich erfolgreich ausführen zu können.

Gibt man ihnen fortlaufend die Möglichkeit dazu, sich zu beweisen, entsteht im Laufe der Zeit ein Durchhaltevermögen, das uns dazu befähigt, immer wieder aufzustehen und weiter zu wachsen. Je mehr Selbstwirksamkeit, desto mehr steigen Willenskraft, Leistungsbereitschaft und der Wunsch nach dem Aufbau zusätzlicher Fähigkeiten. Zudem macht uns Selbstwirksamkeit widerstandsfähig gegen Stress und Burnout.

Selbstwirksamkeit hat also zwei Komponenten:
- Sie beginnt bei einem selbst, braucht Antrieb und Eigeninitiative.
- Sie braucht Erprobungsräume im Rahmen von Selbstorganisation.

Wer Erprobungsräume erhält und immer wieder vor neue Herausforderungen gestellt wird, die er eigeninitiativ meistert, der entwickelt Vertrauen in das eigene Leistungsvermögen und erlangt eine Selbstwirksamkeitsüberzeugung wie folgt:

- Ich kann mein Umfeld gestalten und auf den Lauf der Dinge Einfluss nehmen.
- Mithilfe meines Wissens und Könnens gelingt es mir, gesetzte Ziele zu erreichen.
- Ich kann mutig Neues angehen, es wird sich auch diesmal zum Guten wenden.
- Meine Arbeit und ich werden als wertvoll gesehen, mein Tun wird anerkannt.

Vor allem Innovatoren, Pioniere, Game Changer und Übermorgengestalter brauchen Rahmenbedingungen, die *kollaborative* Selbstwirksamkeit fördern, um beherzt und mit Volldampf im Miteinander eine Arbeit zu tun, die sie für bedeutungsvoll halten.

Selbstwirksamkeit braucht Spielfelder des Dürfens

»Sag mir, was ich tun soll, Chef, und dann mach ich das.« Solche Mitarbeitende gibt es natürlich auch. Doch immer mehr Menschen wollen bei ihrer Arbeit Autonomie und Gestaltungsmöglichkeiten, Gleichrangigkeit und Selbstwirksamkeit.

Der größte Wirkungsgrad entsteht dann, wenn Kennen, Können, Wissen, Wollen und Machenlassen zusammenkommen. Machenlassen heißt: Wahlfreiheit über den Weg zu den vereinbarten Zielen. Die Führungskraft kann die Mitarbeitenden ein Stück weit begleiten, kann ein paar Tipps geben, wie man die eine oder andere Abkürzung findet. Vor »Ungeheuern« im tiefen Wald muss sie natürlich warnen. Sie muss auch das Lernen fördern. Danach stellt sie sich wie ein guter Fußballtrainer an den Spielfeldrand. Eine Führungskraft ist *nicht* dazu da, alle Entscheidungen selbst zu treffen. Das ist, als ob der Trainer die Elfmeter schießen müsste. Ein Profispieler kann das viel besser.

Statt also Entscheidungen »nach oben« zu verlagern, werden diese genau da gefällt, wo sie anfallen (siehe hierzu auch Kapitel #10). Da gibt es kein zögerliches Abwarten, kein Um-Erlaubnis-Bitten, keine langwierigen Freigabeprozesse, kein Absichern nach allen Seiten. Die Führung gibt nur noch die grobe Marschrichtung vor. Und sie definiert die Grenzen des Zusammenspiels. Über die Art und Weise der nun selbst organisierten Zusammenarbeit werden kollegial erstellte Vereinbarungen getroffen. Dies geschieht im Rahmen einer Wertewelt aus Vertrauen, Verlässlichkeit, Transparenz, Heiterkeit und Commitment. Auch Kritik und Widerspruch gehören dazu.

Die Pflicht zum Widerspruch eröffnet Handlungsmöglichkeiten. Abweichungen sind wertvoll, weil sie Varianten aufzeigen, womöglich auch bessere Wege zum Ziel. Dort hingegen, wo man keinen Widerspruch duldet, werden die Chancen, die sich aus dem Andersdenken ergeben, versickern. Das Machtwort von oben sucht nicht nach Erkenntnisgewinn, sondern will die eigene Meinung durchdrücken.

Anweisungsgeführte Mitarbeitende	Selbst organisierte Mitarbeitende
Das müsste man mal andenken.	Welchen Beitrag kann ich leisten?
Da muss ich erst den Chef fragen.	Was brauchst du? Wie kann ich helfen?
Das muss ich mir absegnen lassen.	Lass uns das doch mal ausprobieren.

Selbstorganisation: (Nicht nur) von Neudenkern favorisiert

Sich selbst organisierende Mitarbeiterteams sind ein favorisiertes Zukunftsmodell. Sie sind den rasch aufkommenden und zunehmend unvorhersehbaren Anforderungen der Digitalökonomie besser gewachsen als die anweisungsorientiert geführten Teams alten Stils. Selbstorganisation fördert das Verständnis für Gesamtzusammenhänge und das unternehmerische Denken, den Wissenshorizont und die Expertise.

In der Selbstorganisation übernehmen die Mitarbeiter:innen die Verantwortung für ihr Tun. Klar formulierte Absprachen und gemeinsam erstellte Regeln der Zusammenarbeit werden in einem Kulturbuch festgehalten. Werden sie missachtet, erzeugt das selbstregulativen Gruppendruck. Das Öffentlichmachen von Übertretungen bewirkt Scham, also lassen wir das. Durch selbst organisierte Gestaltungsfreiheit passiert dann am Ende genau das, was heute so dringend gebraucht wird: Es geht zügig, agil und zupackend voran. Denn Freiheit bringt Geschwindigkeit.

Für die sich selbst organisierenden Teammitglieder ist eine coachende Begleitung unerlässlich, um methodische und auch gruppendynamische Tücken zu meistern. Zudem hängt der Grad der Selbstorganisation von den anstehenden Aufgaben ab, sie passt nicht zu jedem Zweck. Wird Selbstorganisation unternehmensweit eingeführt, braucht es das Go von ganz oben. Wie man das dann Schritt für Schritt in die Umsetzung bringt, habe ich in *Die Orbit-Organisation* ausführlich beschrieben.

In jedem Fall sind Erprobungsphasen überaus wichtig, damit sich sowohl die Mitarbeiter:innen als auch die Führenden an die neue, noch ungewohnte Situation gewöhnen können. Denn Selbstorganisation ist *nicht* Selbstüberlassung, bei der man alle ins tiefe Wasser wirft, ohne zu wissen, wer schwimmen kann und wer nicht.

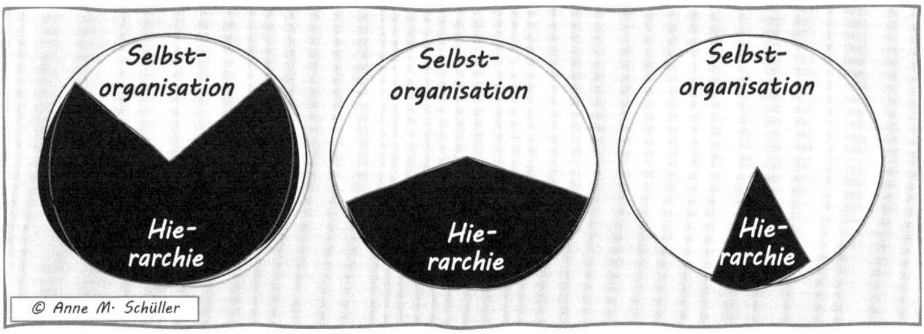

Abb. 2: Die Phasen zunehmender Selbstorganisation

Geht es um bedeutsame Entscheidungen in einem selbstorganisierten Team, rate ich zu folgender Bedingung: »Holt vorher immer zwei weitere Meinungen ein.« Das kann zum Beispiel der Einwurf eines internen oder externen Spezialisten, der kluge Rat eines Kollegen oder der Hinweis einer erfahrenen Führungskraft sein. Bei Netflix nennt man das »die Suche nach der abweichenden Meinung.« Geläufiger ist dieser Begriff:

\>> **Die konsultative Beratung:** Ziel dieser Methode ist es, die Expertise Dritter in das weitere Vorgehen miteinzubeziehen (siehe auch Abbildung 16). Dazu werden, bevor eine wichtige Entscheidung getroffen wird, verpflichtend immer mindestens zwei sachkundige (!) Personen befragt – keine nur netten Kollegen. Entscheidungen stehen auf einer breiteren Basis, wenn man sie aus unterschiedlichen Blickwinkeln betrachtet und sowohl Zuspruch als auch abweichende Meinungen hört. Die Verantwortung, wie am Ende entschieden wird, verbleibt bei der entscheidenden Person oder Gruppe.

Wer eine konsultative Beratung für sich annimmt, das heißt auf die Expertise Dritter setzt, stärkt Selbstwirksamkeit, umgeht langwierige Abstimmungsrunden, verbessert die Entscheidungsgrundlage, erhöht die Handlungssicherheit und beschleunigt die Umsetzungsgeschwindigkeit.

#3 Zukunftsskill Mut: In Häppchen oder als dicke Portion

Als Cynthia Carroll zur Geschäftsführerin eines internationalen Bergbauunternehmens ernannt wurde, war die Aufregung groß. Die erste Frau an der Spitze eines bis dato streng alphahierarchischen Konzerns – und eine Amerikanerin in einem fremden Land, in Südafrika, wo es kurz davor den Frauen noch verboten war, ein Bergwerk unter Tage auch nur zu besuchen. Das ängstigte Cynthia kein bisschen. Was sie aber erschreckte, war die hohe Zahl der tödlichen Arbeitsunfälle, 200 in den letzten fünf Jahren. Das war einfach inakzeptabel! Sofort hatte sie die alte Garde gegen sich. Die Arbeitsunfälle geschahen, so hörte sie, weil sich die Bergleute nicht an die Regeln hielten oder einfach dumm waren, insofern könne man wohl nichts daran ändern. Cynthia war entsetzt. Und sie verstand, dass sie in der Position war, Veränderungen in die Wege zu leiten.

Mutig schloss sie vorübergehend das problematischste Bergwerk, es machte acht Millionen Dollar Umsatz – pro Tag. Sowas hatte es noch nie gegeben. Ein Mitspracherecht der Arbeiter auch nicht. Aber egal. Sie versammelte an die 4000 Bergleute in einem Stadion. Diese wurden in Gruppen von etwa 40 Personen aufgeteilt, um ihre Meinung zum Thema Sicherheit vorzubringen. Wie bei einer afrikanischen Dorfversammlung hatte jeder die Möglichkeit, zu sprechen, ohne unterbrochen oder kritisiert zu werden. So entstand ein Vertrag, der die Handlungen aufführte, die zur Maximierung der Sicherheit notwendig waren. 30 000 Arbeiter wurden anschließend in den Sicherheitsrichtlinien, auf die man sich geeinigt hatte, geschult. Die Todesfälle nahmen um 62 Prozent ab. Von nun an ehrte das Unternehmen die Verunglückten mit einem Gedenkgottesdienst. Vorgesetzte besuchten die Familien der Verstorbenen in deren Heimatdörfern und drückten ihr Mitgefühl aus. So schuf Cynthia ein Umfeld aus Mitspracherecht, Sicherheit und Respekt, das den Bergbau humaner machte. In ihrer

Amtszeit erreichte das Unternehmen die höchsten Gewinne seiner Geschichte.[5]

Was wäre, wenn ... so lockt der Mut. Erfolgsgeschichten beginnen meistens mit Mut. Mut manifestiert sich in dem Moment, in dem wir uns aktiv entscheiden, die Sicherheit des Vertrauten hinter uns zu lassen, um das noch Unbekannte schöpferisch zu erkunden und beherzt in Angriff zu nehmen. Dabei kämpfen wir gegen innere und äußere Umstände an, gegen Konventionen, unser Umfeld, unsere Angst. Wir tun etwas, das wir nur selten tun oder noch nie getan haben, betreten Neuland. Immer zwischen Hoffen und Bangen stellen uns die möglichen Gefahren auf die Probe, entfachen Nervenkitzel, füttern uns mit unglaublicher Kraft. Und dann: geschafft. Freudentränen, siebter Himmel, Glückseligkeit. Weil sich Träume erfüllen. Und weil es sich großartig anfühlt, wenn Mut die Angst überwindet. Natürlich, man kann auch scheitern, doch es lohnt sich, mutig zu sein. Mut macht stark. Stärkt andere mit. Steckt andere an. Mut führt uns dorthin, wo Fortschritt ist. Ohne Mut werden wir die Zukunft nicht packen.

> Mut heißt immer, eine Schwelle zu überschreiten. Die braucht gar nicht hoch zu sein. Oft reicht ein erster kleiner Schritt. Er führt uns aus der Komfort- in die Wachstumszone. Ein Schritt mit Bedacht. Mut heißt ja nicht, waghalsig oder tollkühn zu sein. Mut ist eine Kombination aus Wissen, Können, Optimismus und Entschlossenheit. Mut wägt ab, kalkuliert die richtige Dosis und die beste Zeit.

»Es gibt Fehlschläge, die uns kämpferischer machen, und solche, die uns weiser machen. Und dann gibt es Fehlschläge, die uns offen machen für Neues«, schreibt der französische Philosoph Charles Pépin in seinem wunderbaren Büchlein *Die Schönheit des Scheiterns*. Selbst wer scheitert, gewinnt: an Erkenntnis – und an der Selbstachtung, es versucht zu haben. Mutige glauben an ihre Bewältigungsfähigkeiten. Mutlose hingegen glauben nicht, dass sie es schaffen können. So hat auch das Nichthandeln einen Preis, der wird nur meist *nicht* in Rechnung gestellt: sich verstärkende Zweifel, ein wachsender Mangel an Übung plus die Erkenntnis, in dem Elend ausharren zu müssen, dem man entfliehen wollte. Was dem dann meist folgt: Klagen und Jammern.

Oder aber so: »Ich habe 9000 Würfe danebengesetzt. Ich habe fast 300 Spiele verloren. 26-mal wurde mir vertraut, und ich habe den alles entscheidenden Wurf vermasselt. Ich bin gescheitert. Immer und immer wieder. Und darum war ich so erfolgreich«, erzählt Michael Jordan, einer der erfolgreichsten Basketballspieler aller Zeiten.[6]

Der Mut, den Zukunftsgestalter brauchen

Zukunftsgestalter im Unternehmen sind ein echter Wettbewerbsvorteil. Sie sind offen für neue Themen und treiben mit frischem Wind den Wandel voran. Sie sind in der Lage, entstehende Trends feinfühlig wahrzunehmen. Ihre Innovationsbereitschaft ist hoch. Über Abteilungsgrenzen hinweg entwickeln sie Initiativen, die das ganze Unternehmen befruchten. Sie sind bereit, sich für ihre Firma mächtig ins Zeug zu legen, und scheuen auch nicht vor der Kontroverse zurück. Sie wollen Schwachstellen beseitigen, Alternativen aufzeigen und Altbewährtes zu einem besseren Neuen machen. Die zahlreichen »blinden Flecken«, die es in jedem Unternehmen gibt, machen sie sichtbar. Von Ausflüchten und Schönfärberei lassen sie sich nicht blenden.

Weil sie also stichhaltige Fragen stellen, Untätigkeit attackieren, ideenreich um die Ecke denken und Glaubenssätze ins Wanken bringen, ist ihr Agieren riskant. So werden sie, anstatt von ihren Vorstößen zu profitieren, bisweilen »Querulant« und »Unruhestifter« genannt. Geradezu paradox: Genau die, die das Unternehmen zum Überleben so dringend bräuchte, werden angefeindet. Fast immer erfährt das ganz und gar Neue den erbitterten Widerstand der Nutznießer des Alten. Unbekanntes löst zudem Irritationen aus und bringt unser Sicherheitssystem aus der Balance. Wie das? Vorsorglich stuft unser Oberstübchen »Wildfremdes« insbesondere dann, wenn wir es noch nicht so recht verstehen, als gefährlich ein. Doch je öfter wir Neuartiges hören, sehen und erleben, ohne dabei zu Schaden zu kommen, desto mehr Vertrautheit entsteht. Insofern erfordert Pionierarbeit ein dickes Fell, viel Überzeugungskraft und einen langen Atem.

Mut ist immer subjektiv, denn jeder hat eine andere Risikotoleranz. Und natürlich brauchen Vorwärtsdenkende nicht unbedingt die ganz große Portion Mut, so wie Cynthia sie gezeigt hat. Kleine Schritte tun es auch. Versuch es doch einmal so:

>> **Die magic3:** Denk dir drei mutige kleine Aktionen aus, die in deinem Privat- oder Berufsleben etwas zum Positiven verändern, und zieh das jeweils in den drei Tagen danach konsequent durch. Feier deinen Erfolg mit drei Freunden und mach das Ganze dann gleich noch zwei Mal. Denn man muss üben, um zu brillieren.

Wie Raum für mutige Initiativen entsteht

»Neue, forsche Ideen? Bisher wurde nie etwas umgesetzt. Wieso soll ich mir Mühe geben?« Ja, Mut hat zwei Komponenten: Man muss ihn haben – und das Umfeld muss ihn zulassen. »Was hindert Sie denn, sich hier voll einzubringen?«, könnte der Chef also fragen. Die *ehrliche* Antwort des Mitarbeitenden wäre oft: »Sie!« Doch wer würde es wagen, so was seinem Chef ins Gesicht zu sagen? Das wäre wohl beruflicher Selbstmord. Selbst die motiviertesten Veränderer geben irgendwann auf, wenn man ihre Initiativen nicht unterstützt. Ihr Durchhaltewillen sinkt mit jeder Enttäuschung.

Kein Unternehmen erzielt Wettbewerbsvorsprünge dadurch, dass die Belegschaft das Übliche tut.

Vorsprünge erzielt man durch außergewöhnliche Vorgehensweisen, durch wagemutiges Handeln und einfallsreiche Ideen. Nicht Konformismus, sondern Mut muss man also in den Unternehmen belohnen:

- den Mut, anders zu denken,
- den Mut, anders zu handeln,
- den Mut, Neues zu wagen.

Die Möglichkeitsräume, damit das gelingt, kann dort, wo noch hierarchisch gearbeitet wird, nur die Führungskraft öffnen, etwa mit ermunternden Worten wie diesen:

- »Was haben Sie denn heute Mutiges vor oder schon geleistet?«, will sie interessiert wissen und zeigt damit: Mut ist ihr wichtig, weil sie explizit danach fragt.

- »Es freut mich, dass Sie das so offen ansprechen«, sagt der Chef im Meeting zu einem beherzten Mitarbeiter, der einen seiner Vorschläge attackiert. »Sie zeigen damit, dass Sie gründlich nachdenken und dass Ihnen das Fortkommen der Firma am Herzen liegt. Den Mut, uns allen und besonders auch mir Ihre Meinung hier so offen und nachdrücklich darzulegen, den rechne ich Ihnen hoch an.«

- »Sie erhalten zehn Prozent Bonus in diesem Jahr, weil Sie mutig gehandelt und Risiken auf sich genommen haben. Nicht alle Aktionen haben geklappt, aber das ist normal. Das gehört dazu, wenn man Neues wagt. *Die* Dinge nämlich, die geklappt haben, die haben uns richtig nach vorne gebracht. Prima. Herzlichen Dank.«

Führende, die so denken und handeln, nenne ich Katalysatoren.[7] Sie haben einen ausgeprägten Chancenblick. Sie lieben die Zukunft, alles Quirlige, die sich digitalisierende Welt – und neue Ideen. Sie sind offen für interessante Vorschläge und haben Mut für Experimente. Kreative Köpfe fühlen sich, wie Untersuchungen des Soziologen Richard Florida zeigen, vor allem dort hingezogen, wo die drei Ts zu finden sind: Technologie, Talente und Toleranz. Solche Talente arbeiten zum Beispiel bei Google, »weil wir Menschen in die Lage versetzen, die Welt zu verändern«, haben die Google-Gründer Sergey Brin und Larry Page einmal gesagt. So schafft man Orte, an denen es vor High Potentials geradezu wimmelt.

Mut ist so viel besser als Angst

Angst ist in vielen Organisationen ein vorherrschendes Handlungsmotiv. Doch kein Unternehmen kann sich eine Kultur der Angst leisten. Denn Aggression, Angst und Schrecken sabotieren die Fähigkeit des Gehirns, sein Bestes zu geben, weil die im Angstzustand ausgeschütteten Botenstoffe Synapsen blockieren. Das kennen wir alle als Blackout, zum Beispiel beim Lampenfieber oder der Prüfungsangst. So setzt Angst zerebrale Mechanismen in Gang, die rationales Denken nahezu unmöglich machen. Sie sorgt auch dafür, dass man sachlichen Argumenten nicht mehr zugänglich ist. Zudem führt Angst zu einer massiven Verengung des Aufmerksamkeitsfeldes. Eine angemessene Urteilsbildung wird so blockiert. In Momenten höchster Not können nur noch Routinen abgespult werden. In Urzeiten war dieser Mechanismus definitiv sinnvoll, denn langes Nachdenken im Angesicht einer plötzlich auf uns einstürzenden Gefahr wurde schnell mit dem Leben bezahlt.

Angst kann »durch alles ausgelöst werden, dem wir in unserer Verletzlichkeit ausgesetzt sind und das sich unserem Begreifen oder den Möglichkeiten unserer Kontrolle entzieht«, schreibt der Kognitionsforscher Rainer Mausfeld in *Angst und Macht*. Angst entspringt also nicht nur einer unmittelbaren Bedrohung, sondern auch einer existenziellen Abhängigkeits- und Ohnmachtserfahrung. Als Warnsystem ist Angst unentbehrlich, denn Angst ist eine Überlebensgarantie. Wird sie hingegen aus machtpolitischen Gründen erzeugt, ist das töricht – und nicht tolerabel. Denn Blackouts im Business sind tödlich. Für Denkarbeit, die zu Innovationen führt, sind schnelle Synapsen zwingend vonnöten. Wer Command & Control als Erfolgsmodell sieht, dem fehlt vor allem eins: das Feingefühl, zu erspüren, wie sein Verhalten beim Gegenüber Trotz oder aufschäumende Wut, eisiges Desinteresse oder Rachegedanken erzeugt.

Mit Angst im Nacken laufen wir zwar schneller, aber nur ein ganz kurzes Stück. Danach sind wir völlig ausgepowert. Angst lähmt und macht dumm. So haben verängstigte Mitarbeitende die unangenehme Eigenschaft, höchstens mittelmäßige Arbeit abzuliefern. Zudem wird die Aufnahme von Neuem durch Unsicherheit, Bedrohung und Stress stark behindert. Unablässiger Druck und das Androhen von Sanktionen versetzen den Körper in permanente Alarmbereitschaft, mindern seine Leistungskraft und ruinieren die Gesundheit. Außerdem verfestigen sich Ängste, wenn man sie oft durchlebt. Der Dauerbeschuss von Stresshormonen unterdrückt auch die körpereigenen Abwehrkräfte, schwächt unser Immunsystem und macht uns krank. Ist Arbeit also mit Angst besetzt, ist das quasi Körperverletzung.

Angst geht nicht ins Neuland. Und Kreativität, eine Schlüsselressource der Zukunft, schöpft aus der Quelle des Unterbewussten, das keine Angst haben muss. Schon allein deshalb kann sie nur in einem angstfreien Umfeld entstehen. Dann glaubt man an sein Potenzial – und an die Aussicht auf Erfolg. Man beschäftigt sich mehr mit dem Pro als dem Kontra. Man wird offener und damit ideenreicher. Man wird agiler und schreitet zur Tat. Die Dinge gehen locker und leicht von der Hand. Optimistisch geprägt sieht man vor allem die Chancen, macht entschlossen den Anfang, geht erste Schritte – und kommt über Hürden behände hinweg.

Wo hingegen Angst regiert, friert alles ein. Das habe ich persönlich einmal anlässlich eines Workshops erlebt. Die Teilnehmenden wirkten völlig lethargisch. Haarklein sollte ich ihnen vorgeben, was wie zu tun sei, was ich natürlich nicht tat. Mittags gingen die Ersten heim, weil sie sich nicht wohlfühlten, zumindest sagten sie das. Wieso das so war, offenbarte sich bald: Auf einer Mitarbeiterversammlung hatte sich der CEO vor die Belegschaft gestellt und mit Nachdruck gefordert: »ICH WILL EINE NULL-FEHLER-KULTUR!« Seitdem traute sich dort niemand mehr was.

Sich sicher zu fühlen ist ein Grundbedürfnis der Menschen. Erst dann, wenn unser Geist nicht durch Sorgen und Nöte vernebelt ist, sind wir bereit für den Wandel und laufen zur Hochform auf. Als Erstes ist es also die Angst, die aus den Unternehmen verschwinden muss (in Kapitel #15 zeige ich dazu eine Möglichkeit). Die Menschen brauchen, damit sie Großes vollbringen, ein Umfeld, in dem sie mutig sein dürfen. Nur so können überragende Würfe gelingen.

#4 Future Learning: Selbstgesteuerte Lernbereitschaft

Sebastian Thrun gilt als einer der intelligentesten Köpfe im Silicon Valley. Er zählt zu den »100 einflussreichsten Denkern der Welt«[8]. Ursprünglich stammt er aus Solingen. Eine Zeit lang ist er Professor für künstliche Intelligenz an der Stanford University. Ein Rennen für selbstfahrende Autos in der Mojave-Wüste hat es ihm und seinen Studenten angetan. 2005 bauen sie einen VW Touareg um und nennen ihn Stanley. Sie gewinnen und ergattern das beachtliche Preisgelt der DARPA Grand Challenge. Google-Chef Larry Page ist unter den Zuschauern – und stellt Thrun ein. Thrun baut das Innovationslabor Google X auf. Unter seiner Regie wurden die Street-View-Autos entworfen. Zudem kümmert er sich um die Flugtaxis Kitty Hawk. 2011 gründet er die Online-Universität Udacity. Zunächst droht er zu scheitern, denn er wird sofort von den traditionellen Bildungseinrichtungen attackiert. Firmenkunden, die ihre Mitarbeiter dort fortbilden, haben schließlich die Einnahmen stabilisiert. Als »furchtlos« wolle er der Welt in Erinnerung bleiben, sagt er der Wirtschaftswoche, und sinniert: »Wenn man immer wieder die gleiche Sache macht, hat man sein Leben dann wirklich gelebt?«[9]

In einem sich zunehmend dynamisierenden Umfeld werden Karrieren immer beweglicher. Sprünge zwischen Aufgaben, Fachgebieten, Projektteams und Arbeitgebern sind völlig normal. Viele wechseln auch die Branche und verlassen sogar ihre Heimatländer, um immer wieder neu und anders zu glänzen. Damit verbunden ist eine lebenslange, selbstgesteuerte Lernbereitschaft und Kompetenzerweiterung.

In Zukunft sorgt man eigenhändig für persönliches Wachstum – und damit auch für seine Employability. Denn längst verändern sich die Berufsbilder rasch. So hat eine Untersuchung des Technologieconsultinganbieters Gartner ergeben, dass fast jede dritte Qualifikation, die noch 2018 für eine Stelle erforderlich war, bereits 2022 nicht mehr benötigt wurde – und dass die durchschnittliche Anzahl der Qualifikationen pro Stelle stetig steigt.[10] Niemand hat je ausgelernt. Wer einen »Beruf fürs Leben« ergriffen hat, wird arbeitslos, sobald dieser automatisiert oder nicht mehr gebraucht wird. Das einmal Gelernte altert schneller als je zuvor, wird also zunehmend wertlos. Fortan geht es um den Zugriff auf Wissen *dann*, wenn man es braucht. Das Netz weiß immer mehr. Dies impliziert, die guten von den schlechten Lernquellen zu unterscheiden, und in der Fülle der guten Lernquellen so effizient zu navigieren, dass sich die eigenen Handlungskompetenzen erhöhen (Upskilling).

Zum Lernen gehört auch das Entlernen, um sich neue Skills anzueignen (Reskilling). Veraltetes Wissen und Können muss weg, damit das Neue Platz finden kann. Die schlechte Nachricht: Verlustaversion betrifft auch die persönliche Weiterentwicklung. Unser Gehirn schützt das Gelernte, weil es uns geholfen hat, zu überleben. An die 90 Prozent unserer eingefahrenen Denk- und Handlungsmuster sind Automatismen. Die, die wir nicht mehr brauchen, müssen gelöscht und überschrieben werden.

Die gute Nachricht: Unser Gehirn ist bis ins hohe Alter lernfähig – und auch lernbereit, wenn das Lernen entsprechend gestaltet wird. Nervenzellen und deren neuronale »Verdrahtungen« entstehen und vergehen, das heißt, wir lernen immer und vergessen ständig. Jede Nacht wird aufgeräumt. Unbrauchbar Gewordenes wird entsorgt, neue Verbindungen werden geschaffen. Diese als Neuroplastizität bezeichnete Wandlungskraft unseres Oberstübchens sorgt dafür, dass wir uns an neue Situationen zügig anpassen können. Allerdings: Was wir nicht auffrischen und wiederholen, ist sehr vergänglich. Man fällt alsbald in frühere Muster zurück.

Weg von der Fremdbestimmung – hin zur Selbststeuerung

»Wie bereiten wir Menschen auf Jobs vor, die gegenwärtig noch gar nicht existieren, auf die Nutzung von Technologien, die noch gar nicht entwickelt sind, um Probleme zu lösen, von denen wir heute noch nicht wissen, dass sie bestehen werden?«[11] Mit starren Trainingsprogrammen und formalisierten Weiterbildungsangeboten funktioniert das jedenfalls nicht. Umfängliches Vorratslernen in Form von standardisierten Paketen ist nur noch marginal sinnvoll. Die Herangehensweise an das Lernen muss sich grundlegend wandeln, um die Mitarbeitenden mit *den* Skills auszustatten, die sie fortan brauchen. Selbstbefähigung und permanenter Entwicklungswille rücken nach vorn.

Früher trug der Arbeitgeber die Verantwortung für die innerbetriebliche Weiterbildung. Nach einem vordefinierten Plan hatte man Fortbildungen zu absolvieren, ganz egal, wie nötig oder nützlich sie waren – Hauptsache, den Vorgaben wurde Genüge getan. So hieß es beispielsweise: »Sie haben die vorgeschriebenen Weiterbildungstage noch nicht gemacht. Suchen Sie sich einfach irgendwas raus, damit wir das abhaken können.« Zudem wurden die Fortzubildenden hierarchisch streng voneinander getrennt.

Größere Defizite wurden erst im Mitarbeiter-Jahresgespräch offengelegt, das heißt Wochen oder Monate nach Aufdecken der Mängel. Aus einem Katalog oder aus dem Web wurde ein Anbieter gewählt. Irgendwann fand das Seminar dann endlich statt. Fertig! Der Transfer in die Praxis und der anschließende Umsetzungserfolg? Die meisten Führenden hakten nicht einmal nach. Das traurige Resultat: Es blieb alles beim Alten.

Viele Personalentwicklungsprogramme rennen den Entwicklungen nur hinterher. Man konzipiert sie dann, wenn sich Notwendigkeiten zeigen, antizipiert aber nicht die Bedarfe der Zukunft. So kommt es, dass große Teile der Belegschaft vielerorts den Anforderungen der fortschreitenden Digitalökonomie nicht mehr gewachsen sind.

Wer sein Qualifizierungsniveau nicht ständig durch eigenen Antrieb erhöht, entsorgt sich in Zukunft selbst. Ambitionierten Talenten kann das nicht passieren. Werden Informationen benötigt, um an ein neues Thema heranzugehen, dann warten sie nicht bis zum nächsten Lehrgang. Sie starten flugs eine Online-Recherche. Wer die klügsten Fragen ans Internet stellt und weiß, wo man die besten Antworten findet, dem sind die entscheidenden Vorsprünge sicher.

Symptomatisch für neue Formen der Selbstlernkompetenz sind Learning Communities, in denen man voneinander und miteinander lernt. Die in der Sharing Economy sozialisierte Generation hat eben längst verstanden, wie arm man bleibt, wenn man alles für sich behält, und wie reich man wird, wenn man teilt. Das gilt vor allem für Wissen. Es verflüchtigt sich, wenn man es hortet. Wenn Wissen hingegen frei seine Bahnen zieht und sich weitläufig vernetzt, kann dies zu erstaunlichen Fortschritten führen.

Doch Eigeninitiativen dieser Art erscheinen manchen Führungskräften noch immer suspekt. Sie »lehnen das Prinzip der bereichsübergreifenden Transparenz ab, weil sie Wissensverlust und damit den Verlust einer vorteilhaften Position im organisationalen Wettbewerb befürchten«,[12] schreibt die Organisationsentwicklerin Katharina Krentz, die WOL (siehe gleich) bei Bosch eingeführt hat.

Die neuen Lernkonzepte: kollaborativ, digital, vernetzt

Das selbstgesteuerte Lernen findet vor allem digital statt. Dazu gehören Mini-Studiengänge an Online-Universitäten, Videos von TED Talks auf der ganzen Welt, Learning Games, Lern-Podcasts, Webinare, Lern-Apps, Erklärfilme auf YouTube & Co. Statt Schulungen abzusitzen, werden relevante Lerneinheiten »on demand« zeit- und ortsunabhängig in den Arbeitsalltag integriert. So eignet ihr euch neues Wissen ganz genau dann an, wenn ihr es braucht. Hier eine Auswahl weiterer Lernmethoden:

>> **Micro Learning:** Dabei werden kompakte Lern-Bausteine, auch Learning Nuggets genannt, in circa fünf Minuten eigenständig durchgearbeitet. Dies sind zum Beispiel ein kleines Lernspiel, ein kurzer Textabschnitt oder ein Quiz zur Selbsteinschätzung. Ein »Learn more«-Knopf am

Ende des Nuggets führt den User zu weiteren thematisch passenden Lernangeboten.

>> **Lunch & Learn:** Hierbei geben Kollegen ihr Wissen im Rahmen eines Mittagessens weiter. Die Themen werden in eine interne Lernplattform eingestellt. Wer interessiert ist, meldet sich freiwillig an. Eine Intervention dauert maximal 15 Minuten. Sie sollte möglichst lebendig und frei von Fachjargon sein. Danach ist fünf Minuten Zeit für Fragen. Im Anschluss können bilaterale Gespräche für eine weitere Vertiefung sorgen.

>> **Interne TED Talks:** In diesem Fall stellt ihr eure Lern- oder Innovationsprojekte in Anlehnung an das TED-Talk-Format vor, zum Beispiel einmal pro Woche im Team oder einmal im Monat vor der gesamten Firma. Die Themenangebote für solche Lernevents werden auf der Lernplattform vorgestellt. Per Voting wird entschieden, welche davon breites Interesse finden und folglich auf die Bühne kommen.

>> **WOL-Communitys:** Das sind selbstorganisierte Working-out-Loud-Lerngruppen von circa fünf Personen aus unterschiedlichen Bereichen. Sie treffen sich digital und/oder analog insgesamt zwölf Wochen lang einmal wöchentlich für eine Stunde, um sich mit individuellen Weiterentwicklungsaufgaben zu befassen und selbstgesteckte Lernziele gemeinsam zu erreichen.

>> **Reverse Mentoring:** Beim Reverse Mentoring dreht man das klassische Mentoring um. Der Junior coacht den Senior auf solchen Themengebieten, die Jung besser kann als Alt. In Kapitel #14 steht ausführlich, wie das funktioniert.

>> **Smart Learning:** Hierbei lernt man mittels Künstlicher Intelligenzen (KI). Beim Einsatz von Augmented Reality (AR) geht es um Informationen, die einem in eine Datenbrille eingeblendet werden. Bei der Virtual Reality (VR) taucht man komplett in eine virtuelle Wirklichkeit ein (Immersion). Digitale Lernassistenten verknüpfen Wissen aus der digitalen Welt mit der aktuellen Lernsituation einer Person und stellen personalisierte Lernangebote zusammen. Mithilfe digitaler Gesprächspartner (Chatbots) lernt man interaktiv. Schließlich können Avatare, also virtuelle Stellvertreter, in die Tiefen des Web geschickt werden, um nach Erkenntnistrüffeln zu fahnden.

>> **Peer-to-Peer-Lernplattformen:** Die Mitarbeitenden (Peer = der Gleichrangige, Gleichgestellte) wissen meist sehr viel besser als Höhergestellte weit weg vom Schuss, welche Lerninhalte für die Kollegen hilfreich sein können und was alle gemeinsam weiterbringt. So wird auf firmeninternen P2P-Lernplattformen passender Lern-Content in Eigenregie kuratiert. Solche Plattformen sind für alle Beschäftigten zugänglich. Sie haben Like- und Kommentarfunktionen.

Die zwölf Stationen des selbstinitiativen Lernens

Future Learning zeichnet sich dadurch aus, dass der Lernende die Auswahl und Kombination der Lernformate situativ an seine jeweiligen Anforderungen anpassen kann. Man durchläuft folgende Schritte:

1. Die eigenen Defizite erkennen
2. Ein Lernzielbild für sich definieren
3. Zukünftige Kompetenzbedarfe ermitteln
4. Persönlichen Lernplan entwickeln
5. Geeignete Lernquellen identifizieren
6. Passende Lernmethoden bestimmen
7. Ressourcen (Budget, Zeit) organisieren
8. Dosieren, durchhalten, nicht verzetteln
9. Erlerntes in der Praxis erproben / anwenden
10. Gelerntes teilen / mit anderen weiterlernen
11. Erfolge bewerten und stetig optimieren
12. Erfolge feiern, was motivationssteigernd ist

Der Fortgang der eigenen Lernaktivitäten kann auf einem Kanban Board sichtbar gemacht werden. Dies sorgt für Transparenz, inspiriert andere zu ähnlichem Tun und motiviert einen selbst, zügig in die Umsetzung zu gehen, weil der Verlauf der Aktionen für alle sichtbar ist. Solche Boards sind für viele Zwecke geeignet. Wenn transparent gemacht wird, was zu erledigen ist, was bereits geschafft wurde, was die nächste Zeit ansteht und wer was macht, dann braucht es keinen Chef mehr, der Aufgaben delegiert, kontrolliert und Feedback von oben herab gibt. Durchfluss, Arbeitsqualität und Zielerreichung werden im Team miteinander besprochen und permanent justiert.

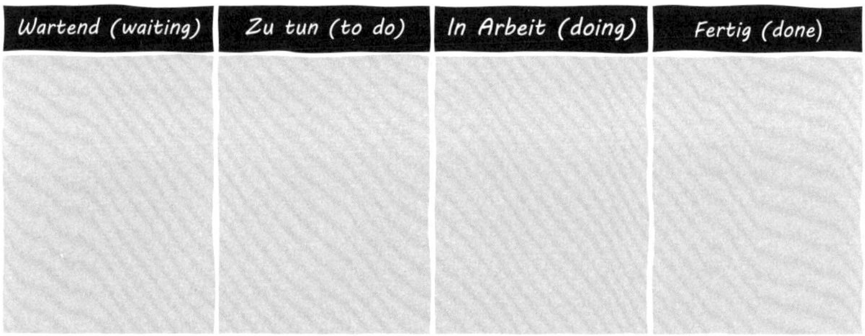

Abb. 3: Ein Kanban Board: Was zu erledigen ist, wird auf farbige Post-its geschrieben, an die jeweilige Spalte geheftet und dem Fortgang entsprechend verschoben.

Wie alles andere auch muss der Einzelne das selbstbestimmte Lernen erst lernen. Nicht jedem Mitarbeitenden wird das auf Anhieb gelingen. Hier können firmeninterne Lerncoaches unterstützen. Auch Orientierungshilfen sind wertvoll. In einem Fall wurde den Mitarbeiter:innen freigestellt, über die Höhe ihres Weiterbildungsbudgets autonom zu entscheiden. Das Angebot fand zunächst keinerlei Zuspruch. Also erstellte die Firma Beispielbudgets pro Jahr und Person zusammen mit ein paar wenigen praktischen Regeln. Und siehe da: Nun wurde der Spielraum selbstbestimmt ausgeschöpft. Die Freiheit, plötzlich über ein unbeschränktes Budget verfügen zu können, hatte zunächst zu einer allgemeinen Verunsicherung geführt, die zum Glück beseitigt werden konnte.

#5 Kollaborationskompetenz: Gemeinsam gelingt mehr

Spielt doch mal mit eurem Team oder in Gruppen von fünf Personen das Seenot-Spiel: Ihr fahrt mit einem Schiff über den Atlantik und seid tausend Meilen vom Festland entfernt. Plötzlich tritt ein Notfall ein, das Schiff geht unter. Ihr springt in ein Rettungsboot, ein Ruderboot ohne Motor. Einer hat in der Hosentasche Geldscheine und ein Feuerzeug. Ihr könnt fünfzehn Gegenstände auf das Rettungsboot mitnehmen: eine Angel samt Zubehör – 10 Liter Dieseltreibstoff – eine Harpune – 4 m^2 Kunststofffolie – ein Moskitonetz – Notrationen (Nahrung) – 5 Meter Nylonseil – 2 Liter hochprozentigen Rum (80 %) – 2 Kartons Schokolade – Schwimmwesten – Seekarten – einen Sextanten – einen kleinen Spiegel – ein Transistorradio – 20 Liter Trinkwasser.

Die Aufgabe: Bewertet die Wichtigkeit der 15 Gegenstände für das Überleben von 1 (am wichtigsten) bis 15 (am unwichtigsten). Zunächst reiht jeder für sich in fünf Minuten von 1 bis 15 auf, wie wichtig ihm die einzelnen Gegenstände erscheinen. Anschließend finden sich die Spieler in ihren Gruppen zusammen und diskutieren ihre Lösungen. Danach einigt sich jede Gruppe auf eine gemeinsame Reihung. Die einzelnen Reihungen werden schließlich mit der Lösung[13] verglichen. Erfahrungsgemäß kommt die gemeinsame Reihung näher an die Lösung als das beste Einzelergebnis. Zudem kommen Gruppen, in denen respektvoll, zuhörend und gleichberechtigt miteinander diskutiert wird, zu besseren Resultaten als Gruppen, in denen einzelne ihre Meinung unbedingt durchsetzen wollen – und auf die Art andere mundtot machen.

Vorneweg: Kollaboration braucht ein passendes Umfeld

In einer Welt, in der sich alles miteinander vernetzt, müssen alle im Unternehmen miteinander vernetzt sein – über Ressort- und Hierarchiegrenzen hinweg. Optimale Ergebnisse entstehen durch kollaborative Zusammenarbeit. Und genau das fällt uns eigentlich leicht, denn Menschen sind Gemeinschaftswesen. Wir arbeiten nicht nur für uns, sondern immer auch für andere in unserem Umfeld, um uns deren Wohlwollen zu sichern. Denn wir brauchen die Nähe, den Schutz und die Geborgenheit einer Gemeinschaft. Isolation, der »soziale Tod«, gehört zu unseren schlimmsten Ängsten, weil sie uns schutzlos macht. »Du bist nicht allein« ist wohl das Tröstlichste, was wir einem Menschen sagen können. Der faule, unkooperative, eigenbrötlerische Mensch ist die Ausnahme. Kooperation ist die Regel. Für die allermeisten ist es ein Albtraum, sozial bedeutungs- und nutzlos zu sein. Sich eingebunden zu fühlen und gemeinsam etwas Wertvolles zu erschaffen, das erfüllt uns mit Freude und Stolz.

Die Hypothese vom Homo oeconomicus hingegen, der selbstsüchtig agiert und rein rational nach seinem eigenen Nutzen trachtet, ist eine traurige Erfindung weltfremder Wirtschaftsökonomen, eine anthropologische Lüge – und längst widerlegt.[14] Wer einer Sache dienen kann, die größer ist als er selbst, die sinnvoll ist, die Bedeutung hat und Altruismus ermöglicht, empfindet tiefstes Glück. Wenn der Mensch neben einem glücklich ist, fühlt man sich auch selbst glücklich. Das stärkt die ganze Gemeinschaft.

> Komplexe Aufgaben lassen sich nur gemeinsam gut lösen. Vielen klugen Köpfen fällt mehr ein als einem allein. Wir müssen enger zusammenrücken als je zuvor. Die großen Herausforderungen der Zukunft können nur im Miteinander bewältigt werden.

So gilt es, in den Unternehmen Strukturen zu schaffen, die es begünstigen, kollaborativ zu denken und zu handeln. Dafür braucht es inspirierende Multi-Space-Arbeitsräume, Social Collaboration Tools, eine interne soziale Plattform (Enterprise Social Network) und eine Kultur des Teilens. Wir müssen uns *endgültig* von dem Gedanken trennen, dass interne Konkurrenz zu den besten Ergebnissen führt. Ein anderer muss nicht verlieren, damit man selbst gewinnt. Konkurrenz strebt eine Win-Lose-Situation an, Kollaboration hingegen Win-Win. Wenn es zum Beispiel in einer Organisation 20 Vertriebler gibt und alle teilen ihren besten verkäuferischen Tipp miteinander, dann profitiert jeder von 19 weiteren exzellenten Ideen. Und davon wiederum profitiert auch das Unternehmen als Ganzes.

Ergo: Eine Gemeinschaft kommt weiter, wenn sie friedvoll, offen, ehrlich und auf Augenhöhe miteinander umgeht und jeden miteinbezieht. Das ist ja wohl sonnenklar? Ganz und gar nicht! In größeren klassischen Organisationen stehen die einzelnen Bereiche ebenso wie deren Mitarbeitende in Konkurrenz. Sie werden gegeneinander evaluiert und erhalten incentivierte Einzelziele. In solchen Umgebungen wuchern Selbstsucht, Machtkämpfe, Grabenkriege, Intrigen, Mauscheleien, Lug und Trug. Eine Übertreibung? Provokation? Nein! Vielerorts leider traurige Realität.

Einzelboni sind Isolierungsmaßnahmen, durch die das Gemeinsame stirbt. Diejenigen profitieren, die unkooperativ sind, ihren Besitzstand schützen und ihr Wissen für sich behalten. Ein System, das Egoismus belohnt, erzeugt Egoisten. *Nur noch* das, wofür es Boni gibt, wird gemacht. Anderes, Besseres, Wünschenswerteres nicht. Deshalb gilt es fortan, eine Kultur zu fördern, die den Fokus auf gemeinschaftlichen Erfolg legt, also eine Kultur, die Kooperation belohnt. Und Mut. Und *nicht* Bestandssicherung, sondern Innovationen.

Das Kernstück der Kollaboration: Die »Weisheit der Vielen«

Zwar ist die Expertise der einzelnen Mitglieder einer Gruppe von hoher Bedeutung, um gute Ergebnisse zu erzielen, doch das Zusammenbringen von Wissen, Können und kollektiver Intelligenz spielt eine noch viel größere Rolle. Innovationen entstehen am ehesten dann, wenn sich Menschen quer durch die gesamte Firma über die Zukunft des Unternehmens Gedanken machen, und wenn man jeden hilfreichen Vorstoß integriert, ganz egal, aus welcher Ecke er kommt. Die unsichtbaren Wände zwischen den Abteilungen müssen fallen und die Zuständigkeitsdenke muss weg, damit ein Zusammenwirken reibungslos klappt.

Hierfür favorisiere ich den Begriff der »Weisheit der Vielen«. Darunter versteht man eine sich mehr oder weniger selbst organisierende gemeinschaftliche Intelligenz, die jenseits von Abschottung, Ressort-Egoismen, Bürokratie und Machtautoritäten eine Vielfalt von Innovationen hervorbringen kann. Einen zweiten gebräuchlichen Terminus in diesem Zusammenhang, den der Schwarmintelligenz, nutze ich nicht, denn leider gibt es ja auch sehr dumme, lärmende, fehlgeleitete Schwärme.

Nicht in der Isolation, sondern gemeinsam und mit einem weiten Gesichtsfeld gelingt es am besten, Ideen zu entwickeln, die zuvor noch niemand hatte und auf die man allein nicht gekommen wäre. Die Meinungsvielfalt der einzelnen Mitglieder und eine Öffnung für die unterschiedlichsten Denkweisen führen zu Variantenreichtum, zu Co-Kreativität, zu Experimentierfreudigkeit und einer spannenden Neukombination von Möglichkeiten. Außerdem steigt die Durchdringungstiefe. Viele können viele weitere »entzünden«.

Der beste Output entsteht selbst bei jedem Einzelnen dann, wenn wir unsere Einfälle wertschätzend mit anderen teilen. Jeder Gedanke wird klüger, schärfer, präziser, brillanter, wenn man ihn ausgiebig bespricht. Dritte helfen, herauszufinden, woran man selbst nicht gedacht hat. Austausch mit Substanz bringt einen immer weiter. So kann sich aus einer simplen Idee, gut angereichert, schließlich etwas Großartiges formen.

Die Vorteile solcher Meinungsdiversität können aber nur dann ausgeschöpft werden, wenn es »psychologische Sicherheit« gibt. Dabei geht es um die Wahrnehmung jedes Einzelnen in einer Gruppe, keine zwischenmenschliche Angst haben zu müssen und sich am Arbeitsplatz emotional sicher zu fühlen. In einer solchen Umgebung fällt es den Menschen leicht, sich voll und ganz einzubringen. Sie sagen offen ihre Meinung, sie experimentieren mit neuen Vorgehensweisen, reden über ihre Fehler, holen Feedback ein und bitten um Hilfe. Je sicherer die Atmosphäre, desto mutiger sind die Taten. Mit diesem Konzept errang die Harvard-Professorin Amy Edmondson im Jahr 2021 Platz eins im globalen »Thinkers50« Ranking.

Zu klugen Entscheidungen kann eine Gruppe außerdem nur dann kommen,

- wenn jeder Teilnehmende in seiner Meinungsbildung unabhängig ist,
- wenn jeder Zugang zu allen entscheidungsrelevanten Informationen hat,
- wenn jeder seine Meinung frei äußern darf und respektvoll angehört wird,
- wenn man sich autoritätsfrei auf ein passendes Vorgehen einigen kann.

Schließlich muss sich die Gruppe treffen können – unbedingt auch real. Zunehmend wird nämlich erkannt, dass Menschen am besten zusammenwirken, wenn sie sich sehen. Warum das so ist? Nähe erzeugt mehr emotionale Zugkraft als Distanz. Zudem zeigt sich in Gestik und Mimik die wahre Gesinnung. Ein gutes Intuitionsradar kann das spüren und decodiert friedliche Absichten – und Ruchlosigkeit. Körpersprachliche Signale werden am ehesten dann entschlüsselt, wenn alle Sinne beteiligt sind. Besonders Empathie glückt besser bei räumlicher Nähe. Auch Vertrauen, der Komplexitätsreduzierer par excellence, braucht Präsenz. Wen wir nicht persönlich kennen, dem vertrauen wir eher nicht. Hemmschwellen sinken in der Anonymität. Hingegen verändert Augenkontakt das Verhalten der Menschen zum Guten.

Kollaboration ist ja prima. Aber was, wenn es mal kracht?

Selbst im besten Team herrscht nicht immer eitel Sonnenschein. Manchmal kracht es aus allen Wolken. Die erste Erkenntnis: Konflikte gehören dazu. Wir sollten sie weder totschweigen noch unter den Teppich kehren, sondern einen angemessenen Weg finden, damit umzugehen. Die Überwindung eines Konflikts ist immer ein Fortschritt.

Die zweite Erkenntnis: Ein ernster Konflikt lässt sich nicht virtuell lösen. Er erfordert Präsenz.

Die dritte Erkenntnis: Nicht der Chef ist dazu da, Konflikte zu lösen. Dort, wo zunehmend selbst organisiert gearbeitet wird, nehmen die Teammitglieder das selbst in die Hand. Sie machen sich, idealerweise unterstützt durch einen Lerncoach, mit Methoden der Konfliktbewältigung vertraut. Wer nur ein wenig im Web recherchiert, findet dazu eine ganze Menge. Eine Methode, die mir hierbei ins Auge gesprungen ist, ist das »konstruktive Schimpfen« (Peter Röhrig)[15].

Das konstruktive Schimpfen: Kern dieser Intervention – am besten mit einer größeren Teilnehmerzahl – ist ein zehnminütiger Spaziergang in Zweier-Gruppen, bei dem nacheinander beide Personen das ansprechen, was sie stört. Doch nicht die Kontrahenten gehen miteinander spazieren, sondern eher Personen, die sich nicht so gut kennen. Auf dem Hinweg spricht zunächst die erste Person fünf Minuten lang darüber, was sie ärgert oder frustriert, was nicht rund läuft oder sonst wie stört. So redet man sich die Dinge von der Seele. Wenn es emotional wird, gehört das dazu – doch keiner darf verletzend werden. Die zweite Person unterbricht den Redefluss nicht. Sie hört gut zu. Schweigt das Gegenüber länger als zehn Sekunden, fragt sie ruhig: »Und was noch?« Nach knapp fünf Minuten bringt sie das Schimpfen behutsam zu Ende, und beide drehen um. Auf dem Rückweg ist sie selbst dran.

Wieder zurück im Besprechungsraum stellen die Gesprächspartner einander die Frage: »Was möchtest du nun erreichen?« Hat der/die Angesprochene mehr als einen Wunsch, wird gefragt, welcher Wunsch der wichtigste ist. Die Antwort schreibt der, der fragt, auf einen Haftzettel. Wenn alle fertig sind, werden die Post-its an eine Stellwand geklebt und vom jeweiligen Konfliktpartner laut vorgelesen. Keiner trägt seine Wünsche selbst vor. Wieso? Indem sich eine andere Person den Anliegen widmet und man nicht selbst für die eigenen Wünsche »kämpfen muss«, entsteht eine Atmosphäre des Vertrauens, der gegenseitigen Anteilnahme und Verbundenheit. Die Perspektive verschiebt sich vom Problem zu einem Wunsch nach Verbesserung. Abschließend werden die gelisteten Wünsche in Kleingruppen bearbeitet und einer machbaren Lösung zugeführt. Idealerweise begleitet ein Moderator/Facilitator die gesamte Intervention.

#6 Überzeugungskompetenz: So bekommst du sicher ein Ja

Wie das Wort so schön zeigt, wenn man es in seine Silben zerlegt, ist jede Ent-scheidung *für* eine Sache zugleich eine Ent-scheidung *gegen* eine andere. Oh ja, sich für etwas Neues zu entscheiden, ist oft gar nicht so einfach. Man muss Wohlvertrautes aufgeben, sich von Liebgewonnenem trennen, Teile seiner bisherigen Meinung über Bord werfen, Routinen begraben, gerät auf unbekanntes Terrain. Beim Alten zu bleiben könnte womöglich besser sein. Man kann eine Sache ja immer auch lassen. Einem Change Maker muss es also gelingen, den berühmten Ruck zu bewirken. Die Entscheidenden brauchen Vertrauen in seine Person *und* in die Überzeugungskraft seiner Worte. Gute Verkaufsbücher haben dazu enorm viele Tipps parat.[16]

> Jede neue Idee, jedes Andersmachen, jede Veränderungsinitiative müssen immer gut ausgearbeitet und gekonnt vorgetragen werden: im richtigen Moment, bei den richtigen Personen, mit den richtigen Argumenten. Emotionale Intelligenz, Kommunikationstalent, Diplomatie und taktisches Geschick sind hier entscheidend.

Leider gibt es immer wieder auch Vorausdenkende, die hauen ihre Ideen bei jeder passenden und unpassenden Gelegenheit mal eben so raus. Das ist unprofessionell und trifft eher selten auf Gegenliebe. Das Ideenverkaufen impliziert wie jedes andere Verkaufen auch: Blickwinkelwechsel. Empathisch müssen wir uns in die individuelle Wirklichkeit unseres Gesprächspartners hineindenken, diese akzeptieren und unsere Kommunikationsstrategie darauf abstimmen können. Schon ein einziges »Aus Ihrer Sicht betrachtet ...« baut eine Atmosphäre der Zustimmung auf.

Wie du Andere von deinen Ideen überzeugst

Vielfach hat eine einzelne Person das letzte Wort. Ein solches Gespräch muss klug vorbereitet werden. Überlege also zunächst, warum sie dir überhaupt ihre kostbare Zeit schenken sollte, was das ganz besonders Wertvolle an deinem Vorstoß ist, aus welchen Gründen sie deinem Lösungsansatz zustimmen könnte – oder aus welchen Gründen wohl eher nicht. Überlege auch, was die Person dabei denkt und fühlt.

>> **Die 2-Stühle-Methode:** Um eine Gesprächssituation so »live« wie möglich vorzubereiten, stellst du zwei Stühle auf, einen für dich und einen für den Entscheider. Setze dich zunächst auf deinen Stuhl und argumentiere laut. Dann setze dich auf den anderen Stuhl und sage, was der Entscheider wohl sagen würde. Das mag zunächst albern erscheinen, doch versuch es einmal. Diese Übung real und nicht nur im Kopf zu machen, gibt dir ganz neue Sichtweisen – und persönliche Sicherheit.

Zur Vorbereitung gehört auch, sich Gesprächsziele zu setzen. Dies sollte in jedem Fall schriftlich geschehen. Ein gedankliches Ziel ist, wie jedes gedankliche Bild, immer vage. Das merkt man erst, wenn man es aufschreiben will. Mach dir danach, ebenso schriftlich, einen Aktionsplan. Definiere also die Taktik, mit der du dein Ziel erreichen willst. Berücksichtige dabei auch die Ziele, die der andere hat oder haben könnte.

Lege neben dem Maximalziel auch ein Minimalziel fest, damit du, wenn schon nicht mit dem großen Projekt, dann wenigstens mit Teilaspekten loslegen kannst. Formuliere zudem ein Ausstiegsszenario: Was passiert schlimmstenfalls, wenn das Gespräch zu keinem Ergebnis führt? So verlierst du die Angst vor dem Scheitern. Mit einer klaren Ausstiegsoption wirkst du entschlossener und bestimmter.

Kurz bevor es dann losgeht, stimme dich mental ein. Freue dich auf deine Präsentation, auf den Gesprächspartner – und auf das Lampenfieber. Der Kick macht dich hellwach und deine Performance wird dadurch steigen. Falls die Aufregung zu groß wird:

>> **Das Lampenfieber besiegen:** Atme bewusst tief und langsam in den Unterbauch. Leg dazu deine Hand auf das Zwerchfell, es muss sich fühlbar wölben: sieben Sekunden ein – sieben Sekunden aus, das Ganze sieben Mal. Schließlich lässt du mit einem Stoßseufzer die ganze Anspannung los – dann lächeln und summen. Trinke, bevor es losgeht, reichlich Wasser, das spült das Adrenalin aus dem Blut. Denk an frühere Erfolge. Es wird auch diesmal klappen.

Mit der »So-oder-So-Argumentation« geht's zum Ziel

Eine Entscheidung steht oft auf kippeligen Beinen. Die Zahlen sprechen dafür, das Gefühl aber dagegen. Oder umgekehrt. Zudem sind greifbare Verluste für viele bedeutsamer als potenzielle Gewinne. In dieser Phase des Zauderns braucht es Anschub, um sich mutig ins Ungewisse zu wagen. Ausgehend vom einstmals Bewährten gilt es, Trittsteine zu legen und den Weg zum besseren Neuen sicher zu machen.

Hierzu habe ich einen Argumentationsleitfaden entwickelt, zu dem mich Ingrid Gerstbach in ihrem Design-Thinking-Buch inspiriert hat: die »So-oder-So-Argumentation«. Die Abbildung auf der nächsten Seite zeigt, wie sie funktioniert: Erläutere kurz den Status quo und nenne einen Bisher-Nachteil. Danach nenne eine Was-wäre-wenn-Alternative. Dann kommt ein zweiter Bisher-Nachteil, danach eine Wenn-wir-nun-Alternative.

Schließlich folgt ein dritter Bisher-Nachteil, daraufhin ein Nun-könnten-wir-Vorschlag. Fasse abschließend die drei wichtigsten Argumente / Vorteile / Nutzen nochmal zusammen, nur drei, weil mehr schnell überfordern. Das schlagkräftigste Argument kommt zum Schluss, wegen des Echo-Effekts. Es hallt nach und verfestigt sich so. Unterlege schließlich das Ergebnis deiner Initiative mit Zahlen, Daten und Fakten. Zeige aufsteigende Kurven, fette Balken, große Stücke vom Kuchen.

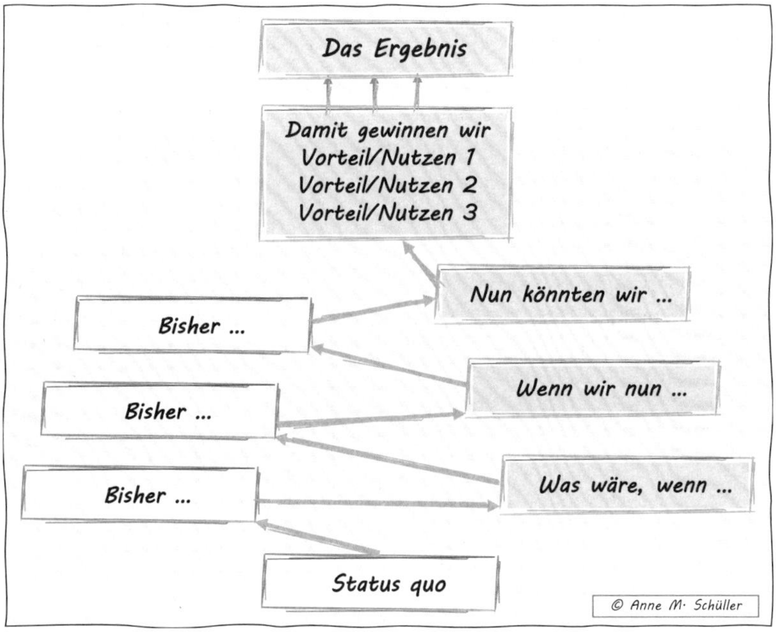

Abb. 4: Die Phasen einer »So-oder-So-Argumentation«

Mit der »So-oder-So-Argumentation« bewegst du dich hin und her zwischen dem, was war, und dem, was sein könnte – bis deine Zuhörer:innen Letzteres immer verlockender finden. Du verstärkst den Effekt, indem du während einer Präsentation jeweils auf die eine oder andere Seite trittst und beim Wunschergebnis stehen bleibst. Sprich hier etwas lauter, gestikuliere ausladender und zeige dich authentisch begeistert.

Halte für alle Fälle eine zweitbeste Alternative in der Hinterhand. Wenn sich abzeichnet, dass der ganz große Sprung nicht gelingt, sagst du: »Hier ist eine zweite, abgespeckte Variante, die könnte ein erster Schritt in die gewünschte Richtung sein.« Menschen lieben Optionen. Das gibt ihnen das Gefühl von Macht und Kontrolle. Ein wertvoller ergänzender Tipp kommt von Gunter Dueck, dem Ex-IBM Cheftechnologen: »Wer Geschäftsprozesse umgehen will oder muss, sollte sie ganz genau kennen. Er sollte auch ständig signalisieren, dass er sie kennt.«[17]

Nach einer Präsentation kommt es meist zu einer Diskussion. Damit diese nicht gleich ins »Ja, aber« rutscht, starte so:

- Nun interessiert mich: In welchen Punkten finden Sie meinen Vorschlag gut? Und zu welchen Aspekten gibt es noch Fragen?

Oft reagieren einzelne Zuhörer auf einen Vorschlag – unbeabsichtigt oder mit Kalkül – destruktiv, defizitorientiert und aggressiv, etwa so: »Was im Beitrag vergessen wurde …« Oder so: »Der große Denkfehler bei dieser Präsentation liegt darin, dass …« Hier nimmst du am besten die Schärfe heraus, indem du umformulierst, etwa so:

- Was Sie also noch ergänzen möchten, ist …, stimmt's?
- Eine Frage, die sich Ihnen also noch stellt, ist …?
- Was Ihnen dabei durch den Kopf geht, ist …, richtig?

Sollte eine Diskussion eskalieren, gilt es, angemessen damit umzugehen. »Nun regen Sie sich mal nicht so auf!« oder »Machen Sie doch keinen solchen Aufstand!« – solche Sätze gehen natürlich gar nicht. Besser sind versöhnliche Worte wie diese:

- Ich sehe, dass das Thema Sie sehr bewegt.
- Ich freue mich, dass Sie sich für diese Sache so engagieren.
- Ich glaube, uns allen liegt das sehr am Herzen.

Manchmal kommst du mit einer smarten Gegenfrage zum Ziel. Jemand sagt: »Wie Sie sich das vorstellen, das klappt doch nie.« Statt mit einem »Wieso?« in ein leidiges Hin und Her zu geraten, fragst du in die Runde:

- Herr … meint, bei ihm geht das nicht. Wie sehen Sie das in Bezug auf Ihren Bereich? Wie könnte das bei Ihnen funktionieren?

Vielfach gibt es Widerspruch zu Detailaspekten. In diesem Fall sagst du:

- Ja, das ist ein wertvoller Hinweis. Ich nehme ihn gerne auf. Was aber, meine ich, im Sinne des großen Ganzen im Moment das Entscheidende ist, …

Wenn zu einzelnen Punkten heftiger Gegenwind kommt, reagierst du situativ so:

- Ich bin sehr an Ihrer Meinung interessiert! Was ist der Hintergrund Ihrer Frage?
- Ich glaube, mein Vorschlag hat für Sie einen Haken. Was genau ist denn der Punkt?
- Sie sagten, *ja, aber*. Das heißt, einem Teil meiner Ausführungen stimmen Sie zu!?
- Ich verstehe Ihren Standpunkt. Ich dachte am Anfang ähnlich. Dann zeigte sich …

Übe dich darin, immer respektvoll zu bleiben. Hartes Kontern provoziert. Selbst Schlagfertigkeit führt selten zum Ziel. Du bekommst vielleicht ein paar Lacher – aber auch Feinde. Ein Schlag macht den anderen eben nicht fertig. Vielmehr sinnt der auf Rache. Ein Disput verletzter Egos beginnt (Einer von uns beiden muss jetzt »sterben«!). Streitgespräche mit Höhergestellten bringen einen in der Sache nie weiter, schon gar nicht vor versammelter Mannschaft. Und wenn es mal so richtig hitzig wird oder gar nichts mehr geht? Dann schlag eine kurze Pause vor, das macht den Kopf wieder frei.

Wenn Einwände kommen – und wie du darauf reagierst

Einwände sind Wegweiser zum Erfolg. Erst, wenn die wahren Hinderungsgründe gefunden sind, ist der Weg zur Entscheidung frei. Sprich selbst nie von einem Einwand, sondern immer von Fragen, Anliegen, Hinweisen, Aspekten. Diese werden nicht entkräftet, sondern positiv beantwortet. Mach nie einen Einwand nieder, widerspreche auch nicht! Besser, du begrüßt ihn wahlweise so:

- Ich danke Ihnen, dass Sie darauf zu sprechen kommen!
- Schön, dass Sie darauf hinweisen! Gut mitgedacht!
- Fein. Ich seh schon, Sie kennen sich mit dem Thema aus!
- Auf dieser Basis können wir die Sache gern weiterdenken.

Auf Einwände musst du dich vorbereiten. Erstelle deshalb eine Liste mit den gängigsten Einwänden und formuliere Antworten vor. Im Eifer des Gesprächs bist du dann nicht sprachlos. Du kannst sogar proaktiv nach Einwänden fragen, etwa so:

- Ich habe das Gefühl, Sie sind noch nicht ganz überzeugt …!
- Oder ganz emotional: Hmm, Sie blicken so sorgenvoll!?

Neben den echten Einwänden gibt es auch Vorwände, die aufgebaut werden, um die wahren Motive zu verschleiern. Hier kannst du sachte »Steinchen werfen«, um zu sehen, was hinter dem Vorwand steckt, etwa so:

- Da ist was dran. Was wäre denn Ihr persönlicher Wunsch an mich?
- Unter welchen Umständen könnten Sie sich denn vorstellen, dass …
- Sie haben sicher einen guten Grund, wenn Sie sagen, dass …
- Neben …, das klar eine Rolle spielt, gibt es noch weitere Gründe?
- Welchem Teilaspekt können Sie denn bereits zustimmen?
- Gibt es etwas, das wir noch nicht besprochen haben? Irgendetwas?

Nach solchen Fragen ist der Gesprächspartner am Zug. Meist kommt er nun einen Schritt auf dich zu. Geh kompromissbereit darauf ein. Wir lassen uns leichter überzeugen, wenn wir sehen, dass auch der andere sich bewegt.

Zu guter Letzt: Notiere nach jeder Ideenpräsentation die geäußerten Einwände und deine Reaktion. Formuliere bessere Antworten und notiere diese für das nächste Mal. Und, na klar: Frag auch andere, was du hättest besser sagen und machen können.

#7 Selbstreflexion: Helikopterblick auf das eigene Tun

Habt ihr schon einmal vom Kekstest gehört? Die Sozialpsychologin Deborah Gruenfeld von der Stanford University ließ Studenten in Dreier-Gruppen über umstrittene Themen diskutieren. Per Los wurde jeweils einer der drei dazu bestimmt, die Meinung der beiden anderen zu bewerten. Er hatte also ein kleines Stückchen Macht bekommen. Als wenig später eine Schüssel mit Keksen gebracht wurde, griffen die ermächtigten Studenten als Erste zu, kauten mit offenem Mund und fanden nichts dabei, den Tisch zu bekrümeln. Ohne sich dessen bewusst zu sein, bekundeten sie so ihren Machtvorsprung.

Wie es zu solchem Verhalten kommt? Macht erzeugt ein gefährliches Hormongemenge, das die Betroffenen – auch ohne es zu wollen – dazu bringt, rücksichtsloser zu werden, sich nicht länger darum zu kümmern, was die anderen denken, und mit zweierlei Maß zu messen. Was den Mitarbeitenden niemals erlaubt würde, etwa zu spät zum Meeting zu kommen, nimmt sich der Boss ganz selbstverständlich heraus. Je höher Beschäftigte in der Hierarchie steigen, desto eher neigen sie auch zur Selbstüberschätzung, zum Zweckoptimismus und, besonders gefährlich, zur Illusion der Unbesiegbarkeit. »Dem ist sein Erfolg zu Kopf gestiegen«, sagt wissend der Volksmund. Wie man sich davor und vor vielen weiteren Unarten schützt? Durch Selbstreflexion.

> Selbstreflexion ist ein Denken höherer Ordnung, das bewusste Einnehmen einer Meta-Ebene, um sich mit sich selbst auseinanderzusetzen. Das eigene Tun wird gleichsam aus großer Flughöhe betrachtet, um zu wertvollen Selbsterkenntnissen zu gelangen und sein Verhalten kontinuierlich zu optimieren.

Die regelmäßige Selbstreflexion – allein, im Team und als ganzes Unternehmen – ist eine der wirkungsvollsten Maßnahmen, um rasch immer besser zu werden.

Mit Adleraugen über sich selbst reflektieren

Selbstführung, die Fähigkeit, erwünschte Ergebnisse eigenverantwortlich zu steuern, braucht vor allem Selbstreflexion. Der achtsame Blick von oben auf das eigene Tun wird auch Adlerperspektive genannt. Gehe immer dann, wenn du mit Anderen mündlich oder schriftlich kommunizierst, kurz »eine Etage höher« und frage dich: Ist es wirklich zielführend, was ich da gerade tue? Denk dabei wie ein guter Schachspieler zwei bis drei Züge voraus. Verlasse die ichbezogene Sichtweise. Begebe dich in die Situation des Anderen – und frage dich:

- Was wird das, was ich gerade sage / tue, bewirken?
- Wie wird / kann ein Anderer das, was ich sage / tue, verstehen?
- Was wird er / sie daraufhin wahrscheinlich denken oder tun?
- Ist dies das von mir Gewünschte?
- Was muss / kann ich ändern, damit das Gewünschte entsteht?
- Lebe ich selbst vor, was ich bei anderen erreichen will?
- Was kann ich dazu bei mir selbst jetzt gleich verbessern?

Du hast dich bei einer unglücklichen Wortwahl erwischt? Das kannst du sofort korrigieren, etwa so: »Uiii, ich glaube, da hab ich mich grad vergaloppiert. Ich formuliere um ...« Oder so: »Oh, sorry, das war unangemessen. Ich geh nochmal auf Start ...« Oder so: »Das habe ich ungünstig ausgedrückt, bitte entschuldige.«

So manches kommunikative Desaster könnte vermieden werden, würde die Meta-Perspektive systematisch in die tägliche Arbeit integriert. Eine gesunde Selbstreflexion bedeutet natürlich nicht, sich in Selbstzweifeln zu suhlen, das Opferlämmchen zu mimen oder in düsteres Grübeln zu fallen. Die Selbstreflexion dient vielmehr dazu, sich zu hinterfragen und Wünschenswertes dann peu à peu zu optimieren. Hier drei Methoden dazu:

>> Die Motto-des-Tages-Technik: Diese selbstreflektierende Technik dient dazu, zusagendes Verhalten zu einer angenehmen Gewohnheit zu machen. Hierbei wird täglich ein ausgewählter Aspekt gezielt trainiert, damit er sich automatisiert. Viele Themen bieten sich dazu an, so etwa auch die fünf magischen Worte, die oft kleine Dialog-Wunder bewirken: bitte, danke, sorry, klasse, gerne. Das klingt fast schon banal, doch oft sind es Details wie diese, die den Unterschied machen. Managementpapst Tom Peters nennt sie »The Little Big Things«.

>> Das Jammerbändchen: Vielerorts ist Klagen und Jammern weit verbreitet. Das nervt, macht miese Stimmung und bringt rein gar nichts voran. Doch wie kriegt man das weg? Die Organisationsberaterin Lydia Schültken empfiehlt dazu ein Jammerbändchen, das man am Handgelenk trägt. Wer sich beim Nörgeln, Meckern und Maulen erwischt, wechselt das Armband von einem Handgelenk zum anderen. Ziel ist es, das Bändchen einen ganzen Tag lang nicht wechseln zu müssen. So nimmt man das eigene Jammern wahr, um es schließlich loszuwerden.

>> Das Selbstgespräch-Ritual: Um die Selbstwahrnehmung zu schärfen, sinnierst du nicht nur im Stillen, du redest auch laut mit dir selbst. So werden die meist etwas vagen Gedanken und Gefühle präzise in Worte gefasst und sortiert. Entscheidend ist, dies regelmäßig zu tun, etwa bei einem Spaziergang oder vor dem Schlafengehen. Dabei geht es um Fragen wie diese: Was ist heute gut gelaufen? Was ist derzeit mein größter Erfolg? Wofür bin ich dankbar? Was kann ich selbst tun, um eine unerwünschte Situation zu verändern? Worauf freue ich mich morgen? Was packe ich endlich an? Und was ist der nächste Erfolg, den ich feiern möchte?

Ein Weg entsteht dadurch, dass er begangen wird. Dies gilt auch für unser Gehirn. »Use it or lose it« ist dessen Arbeitsprinzip. Wenn neuronale Verbindungen nicht regelmäßig stimuliert werden, entwickeln sie sich schnell zurück. Das kennen wir alle, etwa von Fremdsprachenkenntnissen, vom Beherrschen eines Musikinstruments oder aus dem Spitzensport. Unser Denkapparat braucht eine Vielzahl von Wiederholungen, um etwas dauerhaft zu speichern. Erst hierdurch entstehen stabile Verknüpfungen zwischen den einzelnen Hirnzellen-Komplexen. So rutscht trainiertes Verhalten vom Bewussten ins Unterbewusste und wird wie bei einem Autopiloten von selbst abgespult. Das macht Abläufe routinierter, gewandter, schneller und effizienter.

Sehr gut siehst du den Unterschied, wenn du etwas recht Kompliziertes zunächst mit der geübten und dann mit der ungeübten anderen Hand erledigst. Trainiere ruhig auch die weniger routinierte Hand.

Die Meta-Ebene – für Führungskräfte elementar

Die kritische Selbstreflexion zählt zu den wichtigsten Eigenschaften guter Führungskräfte. Ständig und ganz gezielt müssen sie darauf achten, wie sie auf andere wirken. Denn was sie vorleben, machen andere nach. So prägen sie auch die Kultur des Miteinanders in ihrem Bereich. Viele Führungsprobleme können vermieden werden, wenn ihr den eigenen Anteil an dem, was passiert, in den Fokus rückt. Etwa so:

- Sind meine Mitarbeitenden initiativlos, weil ich so bestimmend bin?
- Sind sie deshalb so ruhig, weil ich ihre Meinung nicht gelten lasse?
- Kommen keine Ideen von ihnen, weil ich immer alles besser weiß?

Wer Veränderungen will, muss zunächst reflektieren, wie er selbst dazu steht, damit alle im Team sich eingeladen fühlen, Neues zu wagen. Hier helfen folgende Fragen:

- Kann ich mit Andersartigkeit umgehen? Und wie zeige ich das?
- Welchen Spielraum gebe ich, damit Freigeister sich manifestieren?
- Kann ich Vorstöße akzeptieren, die mir persönlich nicht gefallen?
- Bedeutet es Lebensqualität, von mir geführt zu werden?

Selbsttäuschung und Augenwischerei sind dabei eine große Gefahr. Jeder Mensch hat Persönlichkeitsanteile, die sich der eigenen Wahrnehmung entziehen, von Dritten aber gut erkannt werden können. Das Phänomen der aus welchen Gründen auch immer für einen selbst verborgenen Eigenheiten nennt man »blinde Flecken« (Joseph Luft / Harry Ingham). Diese können durch einfühlsame Gespräche oder zum Beispiel auch über eine Selbstbild-Fremdbild-Analyse (siehe dazu Kapitel #13) sichtbar gemacht werden.

Das gesamte Unternehmen braucht Selbstreflexion

Ja, auch das gesamte Unternehmen muss sich in permanenter Selbstreflexion üben. Dabei geht es um Fragen wie diese:

- Wenn wir die Zukunft erreichen wollen, macht es dann Sinn, hierarchisch so aufgestellt zu bleiben wie bisher, und – ganz ehrlich – wieso ändern wir nichts?
- Wenn innovative Ideen so zukunftsentscheidend sind und Übermorgengestalter dringender gebraucht werden als jemals zuvor, welches Umfeld bieten wir ihnen?
- Was wird bei uns als Erfolg gesehen – Verfahrenstreue und Punktlandungen auf die Pläne des Vorjahrs – oder mutiges Vorwärtsdenken und -handeln?
- Wie werden Entscheidungen bislang bei uns getroffen – und was können wir tun, um diese fortan schneller und besser zu machen?
- Wie gehen wir intern – tatsächlich – mit Fehlern um, und wie kann es gelingen, unseren Mitarbeiter:innen mehr Experimentierraum zu geben?
- Wie ist es um die Feedback-Kultur bei uns tatsächlich bestellt – und wie kann sie helfen, die Selbstwahrnehmung aller zu schärfen?

Antworten auf diese und viele weitere Fragen findet ihr nun in Teil 2 und Teil 3.

TEIL 2

FUTURE WORKING

7 Initiativen, um das Zusammenarbeiten im Unternehmen besser zu machen

#8 Prozessadipös? So geht ihr auf Bürokratiemonsterjagd

Stolz verkündet mir der Geschäftsführer eines großen Mittelstandsunternehmens im Vorbriefing zu einem Workshop, dass seine Organisation »schon ganz schön weit sei mit allem«. Nach der Veranstaltung hat sich einer der anwesenden *Bereichsleiter* (!) unverfroren erdreistet, formlos bei mir ein paar Bücher für seine Abteilung zu bestellen. Kurz darauf schaltet sich eine Sachbearbeiterin ein: So laufe das bei ihnen nicht! Der Bereichsleiter habe nicht das Recht, eigenmächtig einzukaufen! Bestellungen seien über den Zentraleinkauf auszulösen! Dem folgte ein stundenlanger E-Mail-Verkehr, um das Ganze »der guten Ordnung halber« mithilfe der vorgeschriebenen Formulare »offiziell« zu machen. Herr, schick Erleuchtung! Die »blinden Flecken« sind in manchen Firmen wirklich riesig. Was diese »gute Ordnung« tatsächlich kostet und wie viel Zeit sie unnötigerweise verschlingt, wird kaum je beziffert.

Viele Unternehmen sind reinste Verwaltungsmonster. Dort haben sich über die Jahre Unmengen von Regeln, Routinen und Regularien aufgetürmt. So übersteigt der Aufwand für Kontrollmaßnahmen deren Nutzen bei Weitem, sie sind also reine Verschwendung. Mit Kontrolle investiert man in die Vergangenheit – nicht in die Zukunft. Kontrolle gebiert immer noch mehr Kontrolle – und ist der Totengräber für Innovationen. Schlimmer noch: Vorgaben zu folgen, führt zu »erlernter Hilflosigkeit« (Martin E. Seligman). Selbstwirksamkeit geht verloren, das Engagement sinkt, die Menschen stumpfen ab. Demotivation und Leistungserosion sind die Folge.

Regeln ordnen zwar Chaos. Sie verhindern aber auch Alternativen. Das ist der Preis, den man zahlen muss, wenn man Regeln implementiert. Oft werden sie aus purer Gewohnheit beibehalten, obwohl sie längst veraltet sind. Das betrifft auch vielerlei Zentralisierungsmaßnahmen. Doch warum passiert das alles? Hier ein paar Statements:

- »Das haben wir immer schon so gemacht.« – Man weiß nicht mal mehr, wer das einst eingeführt hat, es wurde aber noch nie infrage gestellt.
- »Die Revision will das so.« – Nein, das stimmt nicht! Es handelt sich um eine reine Vermutung, man hat die Revision nicht einmal explizit dazu befragt.
- »Das lassen unsere Compliance Regeln nicht zu.« – Da ist jemand übervorsichtig oder zu bequem und schiebt ein Regelwerk vor, das so gar nicht existiert.
- »Darüber braucht man mit dem Chef gar nicht zu reden.« – Auch das ist eine Fehleinschätzung, die aus Unterwürfigkeit oder einem Mangel an Mut entsteht.

Für Administrationsfirlefanz, Genehmigungsterror und Irrläufe im Vorschriftengestrüpp hat niemand noch länger Zeit. Ein radikaler unternehmensweiter Abbau selbsterschaffener Bürokratie ist existenziell. Natürlich stellt man Leitplanken auf, damit niemand in den Abgrund gerät. Das bedeutet aber doch nicht, dass alles bürokratisch festgezurrt und kontrolliert werden muss. Auf der Reise in die Zukunft braucht man nicht nur helle Köpfe, sondern auch leichtes Gepäck. Je träger ein Unternehmen, desto anfälliger ist es für Überholmanöver.

Durch bedachtes Ausmisten könnt ihr eine Menge Kosten sparen – und verdient euch zugleich das Geld für Innovationen. So kam bei einer Versicherungsgesellschaft heraus, dass von den 120 existierenden Broschüren lediglich 18 in der täglichen Arbeit der Makler eingesetzt wurden.[18] Da fragt man sich ja: Wie kann es überhaupt zu solchen Auswüchsen kommen? Tja, in Silo-Organisationen (siehe dazu Kapitel #19) graben sich die Leute immer tiefer in ihre eigenen Aufgaben rein und verstärken ihr Tun. Aktionismus unterstreicht die eigene Wichtigkeit und sichert die Stellung.

Interne Taskforce: auf Entschlackungstour

Um den Abbau hausgemachter Bürokratie unternehmensweit in Angriff zu nehmen, ist eine schnell losstürmende Einsatztruppe perfekt. Sie gehört zu keiner Business Unit, sondern agiert bereichsübergreifend, vieles ist ja miteinander vernetzt. Bei einem solchen Programm werden zwangsläufig Missstände entdeckt. Widerstände sind demnach vorprogrammiert. Deshalb ist zu beachten:

- Die Taskforce darf von Bereichsleitern nicht an ihrer Arbeit gehindert werden.
- Das Team muss selbstorganisiert arbeiten, damit es schnell Fahrt aufnehmen kann.
- Verzichtet auf aufwendige Berichtsmaßnahmen und umfängliche Kontrollen.
- Lasst Experimente und Probierphasen und damit fehlertolerantes Lernen zu.
- Die unbedingte Rückendeckung der Geschäftsleitung ist absolut essenziell.
- Lasst solche Projekte niemals von einer externen Beratercrew machen.

Ein Bürokratieabbauteam packt vor allem überholte Abläufe an, zum Beispiel so:

- Bisher dauert die Abwicklung von … eine Woche. Wie schaffen wir das künftig an einem Tag?
- Bislang durchlaufen Bewilligungen bei uns drei Instanzen. Wie schaffen wir das mit einer Instanz?
- Welche der üblichen Reportings werden wirklich gebraucht? Und welche können weg?
- Welche Kennzahlen sind absolut nötig? Und welche sind nichts als Selbstbeschäftigungsbürokratie?

Neben Vorwärtsdenkern und Generalisten sind Game Changer aus dem Kreis der jungen Talente für diese Aufgabe wie geschaffen, weil sie nichts Altes verteidigen müssen. Und smarte Praktikanten mit unverstelltem Blick können das entscheidende Fünkchen Genialität beisteuern, wenn man sie mitmachen lässt.

Oha, ihr seid der Meinung, die einzelnen Abteilungen sollen sich selbst um Derartiges kümmern? Genau das wird nicht klappen. Manager neigen zum Hinzufügen und Mehren, nicht zum Ausmerzen und Reduzieren. Das ist archaisch. Früher konnte man mit mehr Menschen und mehr Material Kriege gewinnen. Das Mehr ist immer ein Zeichen von Macht und Geltung. Zudem ist die Addition der einfachste Weg, es allen recht zu machen und niemanden zu verprellen. Das kluge Weglassen hingegen ist eine Kunst, die nur wenigen taugt.

So werden die Beschäftigten mit Regeln, Reportings und Kennzahlenfüttern beschäftigt, statt ihnen den Rücken freizuhalten für das, was wirklich zählt: Die Arbeit am Kunden. Denn es ist der Kunde, der das Geld in die Kasse bringt. Intern produziert man nur Kosten.

Doch je größer die Organisation, desto mehr Arbeitszeit verbringen die Beschäftigten rein mit dem Bedienen des Apparats. Ausufernde Verfahrensweisen und Vorschriftenberge dienen der Bedeutungserhöhung. Durch eine aufgeblähte Mess- und Steuerungsbürokratie erhalten die einzelnen Bereiche ja überhaupt erst ihre Daseinsberechtigung. Projekte werden künstlich aufgebauscht, um Ansehen und Einfluss zu stärken. Was man aufgebaut hat, verteidigt man eisern, um die eigene Stellung zu wahren – selbst dann, wenn es der Zukunft des Unternehmens schadet.

Deshalb hier ein Extratipp: Um die volle Energie auf das Neue zu lenken, kann es sinnvoll sein, sich von abgewählten Vorgehensweisen achtsam zu trennen. Die hatten ja auch mal ihr Gutes. Dem trauert wer hinterher. Deshalb gilt es, Verfahren, von denen man Abschied nimmt, oder Konzepte, die eingestampft werden müssen, in Würde zu Grabe zu tragen, damit sich jeder und jede auch tatsächlich von ihnen lösen kann. Beim Innovationslabor X der Google-Mutter Alphabet gibt es dafür den »Dia de los Muertos«. So wie die Mexikaner zu Ehren der Verstorbenen feiern, so beerdigt man bei Google die nicht umgesetzten Projekte mit ausgelassener Freude.

Das Minus50-Programm: So schafft ihr Platz für Neues

Kein Fußballprofi würde alte Bälle nehmen, wenn er das nächste Spiel, die Liga, oder gar die Champions League gewinnen will. Jeder Sportler wird das neueste, beste Material und die fortschrittlichsten Trainingsmethoden nutzen, damit der Sieg gelingt. Macht es bei euch doch genauso! Nehmt die alten Bälle aus dem Spiel, bevor ihr die besseren neuen benutzt! Vor dem Obendrauf muss erstmal unten was weg.

> Bevor es um neue Tools, Prozesse und Lösungen geht, müsst ihr entrümpeln und euch von Hemmnissen schonungslos trennen. Die vorrangige Frage lautet demnach zunächst so: »Was wollen wir *nicht* mehr tun, was muss schleunigst weg?« Erst hiernach stellt sich die Frage: »Was muss anders und besser werden, damit wir nicht den Anschluss verpassen, sondern die Zukunft erreichen?«

Ganz ohne Strukturen, Regeln und Normen geht es natürlich nicht, schon allein deshalb ist Minus50 eine vernünftige Zielzahl. Einleuchtende Vorgaben sichern ein notwendiges qualitatives Leistungsniveau. Und sie helfen, böse Fehler zu vermeiden. Solche Prozesse sind kluge Prozesse. Dumme Prozesse hingegen verplempern wertvolle Energie. Zudem sorgt Bürokratie für Selbstvermehrung. Jeder Ausrutscher hat eine weitere Regel zur Folge. Die Krönung sind Regeln über den Umgang mit Regeln. Am Ende erstarrt alles in einem Panzer ohne Scharniere.

Regeln *müssen* gebrochen werden, wenn sie sich als veraltet, als hinderlich oder als unsinnig erweisen. Wenn hingegen ein Handbuch zum Gesetzbuch wird und das Management explizit Verfahrenstreue belohnt, kümmern sich die Beschäftigten vor allem darum, den vorbestimmten Abläufen akribisch zu folgen, selbst dann, wenn das völliger Blödsinn ist. Bessere Möglichkeiten kommen nicht mal in Betracht.

Zum Start fangt ihr am besten dort an, wo sich schnell was bewegen lässt. Nutzt dazu (siehe Abbildung 5) eine Starfish-Matrix. Die Spalten tragen folgende Bezeichnungen:

- Keep: Was sollten wir beibehalten, weil es gut funktioniert?
- More: Was sollten wir verstärken oder künftig verbessern?
- Start: Was sollten wir beginnen, ganz neu oder anders tun?
- Stop: Wovon sollten wir uns trennen, weil es ineffizient ist?
- Less: Was sollten wir verringern, verkürzen oder weniger tun?

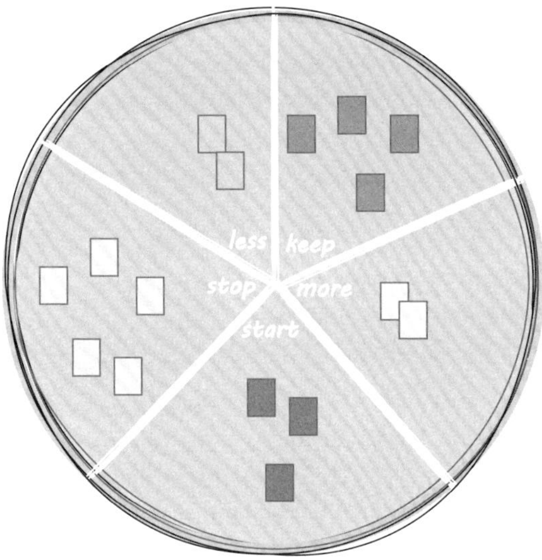

Abb. 5: Muster einer Starfish-Matrix mit Haftzetteln

Jeder füllt still zunächst Post-its zu den Punkten aus, die er anbringen will. Stellt euch danach vor die Wand und klebt eure Zettel an die entsprechenden Stellen. Auch online gibt es dafür entsprechende Tools. Sind alle fertig, werden die einzelnen Punkte besprochen. Hiernach wird optimiert. Dabei kann jeweils zu zweit gearbeitet werden. Jedes Tandem sucht sich einen Zettel aus und macht sich an die Verbesserung.

Wie hilfreich die Starfish-Matrix ist, stelle ich beinahe in jedem Workshop fest. Einmal ging es um ein internes Bestellprogramm. »Lassen

Sie uns das doch mal auf den Prüfstand stellen«, sag ich. »Nicht nötig«, hieß es, »ist bestens akzeptiert und läuft prima.« Wir haben es dann doch gemacht. Und siehe da: Alle Teilnehmenden hielten es für völlig veraltet. Zugleich hatten sie eine Fülle konkreter Optimierungsvorschläge.

Eine dritte Variante: »Kill a stupid rule«

»Kill a stupid rule« wurde ursprünglich von US-Banker Vernon Hill entwickelt. Ihm ging es speziell darum, Vorschriften auszumachen und abzuschaffen, die kunden*un*freundlich waren. Eine ideale »Kill a stupid rule«-Ausgangsfrage ist diese:

> »Kill a stupid rule!« Von welchen untauglichen Standards, Regeln und Verfahren und von welchem administrativen Unsinn sollten wir uns schnellstmöglich trennen?

Bittet im Rahmen eines Kreativmeetings (siehe Kapitel #9) die Anwesenden, sich zu zweit zusammenzusetzen und innerhalb von zehn Minuten so viele »stupid rules« wie nur möglich zu finden, auf Post-its zu schreiben und an eine Pinnwand zu heften. Hiernach wird gemeinsam priorisiert. Dazu erhält jeder drei verschiedenfarbige Klebepunkte: rot ist Prio 1 und entspricht drei Punkten, grün ist Prio 2 und entspricht zwei Punkten, blau ist Prio 3 und entspricht einem Punkt. So ermittelt ihr die Top-Prios der gesamten Gruppe. Hiernach stellt ihr folgende fokussierende Frage:

> Was ist die allerbeste Idee, wie wir es stattdessen besser machen können?

Diese Frage muss exakt so gestellt sein, weil sonst meist nur Allerweltslösungen vorgeschlagen werden. Aus meiner Workshop-Erfahrung heraus kann ich sagen: Die Leute werden meist unglaublich schnell fündig. Sehr oft wissen sie längst, was sich wie verbessern könnte und sollte. Es muss nur noch herausgekitzelt werden.

#9 Quält euch nicht länger! So werden Meetings effizient

Alle sind sich mal wieder einig, *nachher*, in der Kaffeeküche: Das Meeting war ätzend. Das übliche Geschwafel, peinliche Plänkeleien, vertagte Entscheidungen, Frust. Die Wichtigtuer gaben wie immer den Ton an – und die Bedenkenverbreiter die Marschrichtung vor. Diejenigen aber, die das Schaulaufen hassen, die sich rein der Sache verpflichten und fortschrittliche Lösungen favorisieren, die wurden wieder untergebuttert. So geht das nun schon seit Jahren. Muss man das fatalistisch ertragen? Nein, muss man nicht. Meetingmarathons, Endlosdebatten und Ergebnisarmut sind reinste Verschwendung. Dafür hat niemand noch länger Zeit.

> Meetings sind keine Schmerzpunkte des Miteinanders, sondern ein zentrales Kollaborationselement – und Highlights organisationaler Intelligenz. Sie sind Spiegelbild der Unternehmenskultur – und Gradmesser für das Überleben am Markt. Denn Entscheidungen, die für die Zukunft einer Firma maßgeblich sind, fallen ja meistens in Meetings. Wem also die besseren Meetings gelingen, der ist ganz weit vorne mit dabei.

Höchste Zeit also, Meetings zu optimieren und Besprechungen effizienter zu machen. Aber wie? Im ersten Schritt wird das Bestehende hinterfragt: Anzahl, Form, Inhalt, Ort, Teilnehmende, Dauer – alles kommt auf den Prüfstand. Das Ziel ist klar: Meetings müssen Ergebnisse bringen, vor allem schnelle, gute Entscheidungen, damit der Sprung in die Zukunft gelingt. Ergo: Die Zeit wird gestrafft. Ins Meeting darf nur, wer zum jeweiligen Thema einen Beitrag leisten kann. Unnötiges wird rigoros ausgemistet. Notwendiges wird optimiert. Neues wird integriert. Die Kosten und die entgangenen Mehrwerte, die durch schlechte Meetings entstehen, werden berechnet. Die Starfish-Matrix, die wir von Abbildung 5 schon kennen, ist dafür wie geschaffen.

Die nützlichsten Meeting-Formate

In einer komplexen Welt gibt es nicht »die eine« Vorgehensweise, die man wie früher über die gesamte Organisation ausrollen kann. Das gilt auch für Meetings. Es braucht ein Menü von Möglichkeiten, aus dem man gezielt schöpfen kann. Nicht alles wird in das gleiche Meeting gepackt, und Meetings werden dosierter geplant. Anlassbezogen wählt ihr ein passendes Meeting-Format. Je nach Situation empfehle ich diese:

>> **Strategische Meetings:** Ziel eines strategischen Meetings ist es, Entscheidungen herbeizuführen, die für die Zukunft des Unternehmens von Bedeutung sind. Die Zeit der Teilnehmenden ist dabei so effizient wie möglich zu nutzen, Wichtigkeitsgetue und Machtrangeleien haben dort nichts zu suchen. Leider sind in strategischen Meetings die Diskussionen oft ausschweifend und werden von den wortgewandten Alphas dominiert. Oder von HIPPOs (Highest Paid Person's Opinion). Zustimmung oder Ablehnung dienen oft nicht der Sache, sondern politischen Spielchen, die jede Menge Energie kosten, aber nichts bringen. Zudem sitzen im Boardroom meist nur diejenigen zusammen, die die passenden Titel haben, aber nicht die mit der Expertise. Auch das muss sich ändern. Es ist doch geradezu tragisch, dass die (jungen) Top-Talente, die das strategisch Wesentliche zum Fortschritt eines Unternehmens beitragen und das notwendige Neue einbringen könnten, bei solchen Treffen gar keinen Zutritt haben – weshalb sie bei den zukunftsrelevanten Entscheidungen auch nicht mitwirken können.

>> **Taktische Meetings:** Ziel eines taktischen Meetings ist es, gemeinsame Entscheidungen zu treffen, die für das operative Vorgehen der Gruppe maßgeblich sind. Auch hier gilt es, die Zeit aller so effizient wie möglich zu nutzen. Solche Meetings werden als Präsenzveranstaltung, virtuell oder auch hybrid, also als Mix aus beidem durchgeführt. Den genauen Ablauf erkläre ich weiter hinten. In jedem Fall wichtig: Nur dann, wenn die Stimmung gut ist und sich jeder wohlfühlt, können großartige Resultate entstehen. Hingegen geht es

nicht darum, alle mit Details aufzuhalten, die nur für wenige relevant sind. Infos als solche können die Runde machen, ohne dass man sich treffen muss. Punkte, die nur für wenige wichtig sind, werden in Einzelgesprächen geklärt. Insofern kommen nur die notwendigen Teilnehmer:innen zusammen.

>> **Dailys / Stand-ups:** Das sind Zusammenkünfte von circa 15 Minuten, um den Fortschritt der Zusammenarbeit in einem Projekt zu besprechen. Für Bereiche mit reinen Routinearbeiten passen sie nicht. Dailys finden virtuell oder physisch statt, idealerweise zur gleichen Zeit und am gleichen Ort, am besten im Stehen vor einer Aufgabentafel (Taskboard). Jeder hat zwei Minuten Redezeit und beantwortet – gut vorbereitet – kurz und knapp folgende Fragen:

- Was habe ich seit gestern / dem letzten Mal geschafft?
- Was werde ich heute / bis zum nächsten Mal tun?
- Was behindert mich bei der Arbeit, wo sind Blockaden?
- Wie kriegen wir die aus der Welt, damit es weitergeht?

Dinge, die die Arbeit blockieren, werden radikal offengelegt, um sie so schnell wie möglich aus dem Weg zu räumen. Erforderliche Entscheidungen werden gleich vor Ort gefällt, damit die Arbeit rasch weitergeht. Eine große Uhr im Raum sorgt für Zeitdisziplin. Ausschweifende Diskussionen, persönliche Angriffe, Beleidigtsein usw. sind tabu. Nötige Aussprachen finden im Nachgang statt.

>> **Retrospektiven:** Die Retrospektive ist ein ausgesprochen wirkungsvolles Tool, mit dessen Hilfe eine ganze Organisation lernen und sich kontinuierlich verbessern kann. Als Nachbesprechung, Debriefing oder Manöverkritik gibt es das schon lange. In einem zweckmäßigen Rhythmus wird die Zusammenarbeit reflektiert und gemeinsam überlegt, was zukünftig wie optimiert werden kann. An einer Stellwand visualisiert, bearbeitet ihr diese Fragen:

- Was lief gut? Haben wir die Ziele erreicht? Wie ging das?
- Was lief (konstruktiv!) nicht so gut – und wie lief das ab?
- Wie können wir unsere Arbeitsprozesse weiter verbessern?
- Was genau nehmen wir uns vor? Und wie läuft das ab?

»Das ist zu aufwendig, dafür fehlt uns die Zeit«, höre ich oft. Solche Aussagen erinnern mich an die wohlbekannte Geschichte von dem Holzfäller, der offensichtlich mit einer stumpfen Säge hantiert. »Wollen Sie die nicht mal schärfen?«, wird er gefragt. Seine entrüstete Antwort: »Dafür hab ich jetzt keine Zeit. Sehen Sie nicht, wie viel Arbeit noch da ist?!«

>> **Kreativmeetings:** Egal, ob es um Bürokratieabbau, digitale Lösungen, innovative Produkte oder kundenfreundlichere Services geht: Zunächst braucht es eine Reihe guter Ideen und dann einen Umsetzungsvorschlag für die favorisierten Optionen. Solche Konzepte werden im Rahmen eines vorgeschalteten Kreativmeetings oder Mikro-Workshops in kleinen Gruppen (drei bis sieben Teilnehmer:innen) so umfassend vorbereitet, dass sie im strategischen oder taktischen Meeting direkt in die Entscheidung gehen können. Auch Kreativmeetings lassen sich virtuell durchführen. Etliche Konferenz-Tools bieten die Möglichkeit, Kleingruppen einzurichten und Gruppenarbeiten zu visualisieren. Virtuell lässt sich der Teilnehmerkreis sogar über die Grenzen des Unternehmens heraus weiten, wodurch ganz neue Chancen entstehen.

>> **Klärungsmeetings:** In einem Klärungsmeeting geht es um grundsätzliche Fragen der Zusammenarbeit. Differenzen, Dissonanzen, unausgesprochene Spannungen und zwischenmenschliche Konflikte können zu massiven operativen Reibungsverlusten führen und potenzielle Erfolge komplett zunichtemachen. Deshalb: Störungen gehen vor. Sie gehören in ein eigenes Klärungsmeeting. Ein einfühlsamer, methodensicherer und zugleich neutraler Moderator ist zwingend. Der Zeitrahmen ist offen, weil niemand weiß, was so alles zutage tritt. Offenheit ist Pflicht. Dazu gilt die Vegas-Regel: »What happens in Vegas, stays in Vegas«. Alles, was hier besprochen wird, bleibt unter uns.

Zunächst werden die anstehenden Probleme besprochen – wobei jeder und jede zu Wort kommt. Dann werden die Probleme auf Post-its notiert und diese an eine Pinnwand geheftet. Die jeweiligen Schwierigkeiten werden sachlich geschildert, ohne dabei Anwesende im Raum taktlos oder herabwürdigend anzugreifen. Vielmehr fragt der Moderator/die Moderatorin nach den Wünschen der Person, die einen Klärungspunkt hat:

- Wenn es in deiner Macht läge und alles möglich wäre: Was könnte die Lösung sein?
- Was würdest du selbst konkret tun? Warum hältst du das für eine ideale Lösung?
- Was spräche dagegen? Wer oder was könnte den Vorschlag blockieren?
- Was müsste passieren, damit er umgesetzt wird? Wer oder was könnte helfen?
- Was könnte eine Notlösung sein, um zumindest ein Stück weit voranzukommen?

Der Lösungsvorschlag wird an einer Pinnwand notiert, weitere Vorschläge werden gesammelt. Hiernach wird gemeinsam eine Lösung erarbeitet, die zunächst in eine Testphase geht. Dabei kann es sich zum Beispiel um einen Verhaltenskodex, um Kommunikationsregeln oder um eine Mediation für zwei notorische Streithähne/Streithühner handeln. In einem Folgemeeting wird geklärt, ob die beschlossenen Maßnahmen fruchten oder optimiert werden müssen.

Der Ablauf eines taktischen Meetings

Die Grundregel bei einem taktischen Meeting lautet: Jeder Teilnehmende handelt zu jedem Zeitpunkt nach bestem Wissen, Gewissen und Kenntnisstand. Zudem ist jeder Anwesende mitverantwortlich dafür und trägt mit seinem Verhalten dazu bei, dass das Meeting gelingt. Basis dafür sind die folgenden Meeting-Grundsätze:

- Wir pflegen einen wertschätzenden Umgang miteinander.
- Jeder hat die Pflicht und das Recht, seine Meinung zu sagen.
- Wir fassen uns kurz und hören einander respektvoll zu.
- Jeder spricht nur dann, wenn er Relevantes / Substanzielles vorbringen kann.
- Jeder kommt bei Diskussion und Entscheidungen gleichwertig zu Wort.

Ein taktisches Meeting, egal ob physisch oder remote, dauert maximal 50 Minuten, damit die Teilnehmenden zwischen zwei Meetings, die am besten zur vollen Stunde beginnen, eine kleine Verschnaufpause haben. So kommt ihr immer pünktlich zum nächsten Meeting. Zudem bleibt Zeit für den Gang zur Kaffeeküche oder anderswohin, für das Beantworten eiliger Mails oder die Einstimmung auf das neue Meeting.

Im Meeting selbst gibt es zwei besondere Rollen: die des Moderators / der Moderatorin und die des Gewissens. Beide Rollen wechseln, sie werden also in jedem Meeting von einer anderen Person eingenommen, damit jeder das mal übt.

>> **Der Moderator:** Der/die Moderator:in, manchmal auch Facilitator:in oder Head of Meeting genannt, kümmert sich um die inhaltlichen Aspekte und einen zielführenden Ablauf:

- Er/sie erfragt von den Teilnehmenden die Tagesordnungspunkte mit Zeitangaben.
- Er/sie stellt diese im Vorfeld in Form einer Agenda für alle Teilnehmenden bereit.
- Er/sie beschafft bei physischen Meetings den Raum, Bestuhlung und Verpflegung.
- Er/sie organisiert die notwendige Technik, bei Bedarf auch Moderationsmaterial.
- Er/sie moderiert den Ablauf laut Agenda und achtet auf die Einhaltung der Zeit.
- Er/sie erstellt eine Dokumentation der Ergebnisse/Entscheidungen/Beschlüsse.

>> **Das Gewissen:** Das Gewissen sorgt sich, wenn nötig, um die emotionale Hygiene im Meeting. Wer als Gewissen spricht, signalisiert das als Teilnehmer:in zum Beispiel so: »In meiner Rolle als Gewissen möchte ich an die Kommunikationsregeln erinnern, auf die wir uns im Rahmen des letzten Klärungsmeetings geeinigt haben.« Läuft eine Diskussion aus dem Ruder, stellt das Gewissen Fragen wie diese:

- War das die kürzeste Form, in der du das Thema ansprechen konntest?
- War das jetzt wertvoll und würdigend gedacht?
- War das ein Beitrag, der zur Effizienz des Meetings beitragen konnte?

Die vereinbarten Regeln können auch auf Schilder geschrieben werden und liegen für das Gewissen zum Hochhalten parat: kurzfassen, aufmerksam zuhören, wertschätzen, ausreden lassen … Zudem hat das Gewissen eine Zimbel zur Hand. Wird viel gejammert, eine Idee zerfleddert, wird es zynisch oder ein Angriff »persönlich«, kann sie erklingen. Für die Dauer des zarten Nachhalls überlegt jeder still, wie man es besser machen kann.

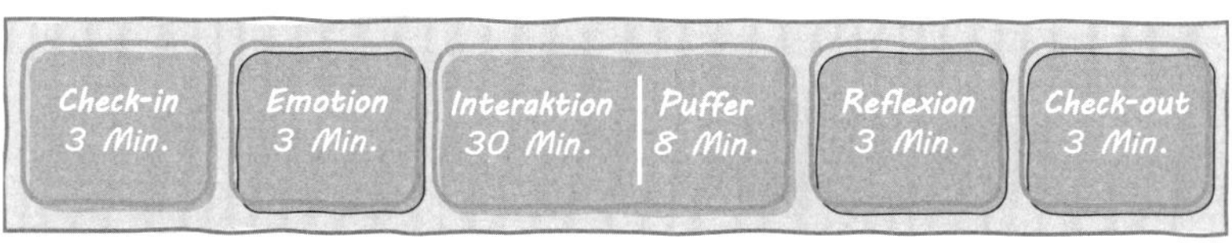

Abb. 6: Bausteine und Circa-Zeiten in einem taktischen Meeting

Der Ablauf eines taktischen Meetings kann sich in fünf Bausteine gliedern:

>> **Baustein 1: Check-in.** Er dient der Begrüßung und dem Ankommen im Meeting. Jeder kann, muss aber nicht, ganz kurz sagen, wie es ihm geht, was ihn umtreibt, erfreut oder belastet. Vor allem bei virtuellen Meetings kann dies helfen, das Befinden der einzelnen Teilnehmenden situativ zu erfassen. Alle Aussagen werden akzeptiert, jedoch nicht diskutiert oder kommentiert, auch nicht mit »Späßchen«.

>> **Baustein 2: Emotion.** Man beginnt ein Meeting *nicht* mit Misserfolgen (oft in Form nicht erreichter Vorgaben), sondern mit einer frohen Botschaft. Das kann ein besonderes Team-Erlebnis, ein Lernerfolg, eine Spitzenbewertung im Web, ein toller Pressebericht, eine Ehrung, ein kennzahlenmäßig gutes Ergebnis sein. Oder unter dem Motto »Der Kunde spricht« werden Erfolgsgeschichten erzählt, in denen es um eine gelungene Zusammenarbeit geht. Weshalb das? Kein Sportler führt sich sein Misslingen vor Augen, wenn er zum nächsten Sieg eilen will. Er visualisiert seine größten Erfolge.

>> **Baustein 3: Interaktion.** Dies ist der zeitintensivste Baustein. Nun werden die anstehenden Punkte aus der vorab erstellten und mit Zeitfenstern versehenen Agenda diskutiert, entschieden und in ein To-do-Protokoll überführt. Punkte, die sich erst im Verlauf des Meetings aufgetan haben, werden in eine Pufferzone ans Ende des Meetings gestellt oder je nach Priorität und Umfang in die Agenda des Folgemeetings übertragen.

>> **Baustein 4: Reflexion.** Jedes Meeting verdient eine Kurzretrospektive. Ziel ist die fortlaufende Optimierung der Meeting Performance. Dazu wird an einer Stellwand in Spalten festgehalten: Was war heute gut? Und: Was sollten wir beim nächsten Meeting anders machen? Bei mehreren Punkten in der Verbesserungsspalte wird gemeinsam ein Punkt priorisiert. Dieser wird in die Agenda des Folgemeetings aufgenommen. Bei dessen Beginn wird daran erinnert. Die Umsetzung wird in einer Erledigt-Spalte notiert.

>> **Baustein 5: Check-out.** Am Ende des Meetings gibt jeder, der möchte, ein kurzes Abschluss-Statement. Dabei kann man etwas zum eigenen

Befinden sagen, wichtige Geschehnisse im Meeting nochmal reflektieren oder einem Kollegen für etwas danken. Eine solche Wertschätzungskultur kommt allen Beteiligten und dem gesamten Betriebsklima zugute. Sie hebt die Stimmung der Gruppe und bringt Lebensqualität an den Arbeitsplatz.

Methoden zur schnellen Entscheidungsfindung

Zentrales Element eines taktischen Meetings ist die zügige, robuste und zugleich flexible Entscheidungsfindung. Die üblichen Methoden, also der Mehrheitsentscheid und der Konsensentscheid, sind dazu wenig geeignet. Beim Mehrheitsentscheid wird eine Entscheidung nach einem vorgegebenen Mehrheitsschlüssel getroffen. Bis zu 49 Prozent aller Stimmen werden dabei verlieren. Viel Unzufriedenheit kann so entstehen, was die Tragfähigkeit einer Entscheidung schnell unterminiert. Demgegenüber benötigt ein Konsens (mit s) die ausdrückliche Zustimmung aller. Ihm eilen oft lange Debatten voraus, die jedes vertretbare Maß überschreiten. Schließlich einigt man sich, wenn überhaupt, auf den kleinsten gemeinsamen Nenner, also das Mittelmaß. Dies ist wohl der schlechteste aller Wege in neuen Zeiten. Mittelmaß führt zunächst in den Preiswettbewerb – und dann ins Aus.

Die Zeitbudgets für alles und alle werden immer knapper. Umso mehr gilt es fortan, zu schnelleren Entscheidungen zu kommen und zugleich deren Qualität zu steigern. Hierzu schlage ich zwei Methoden vor. Mit zähen Diskussionen und / oder wachsweichen Gruppenbeschlüssen ist dann endlich Schluss.

>> **Der Konsent-Entscheid:** Der Konsent (mit t) will kein Maximum an Zustimmung, sondern klären, ob es gravierende Vorbehalte oder ernsthafte Bedenken gegenüber einem Vorschlag gibt. Also nicht »Ja, ich stimme zu!«, sondern »Nein, ich habe keinen schwerwiegenden, begründeten Einwand«. So stützt sich der Konsent auf Entscheide, die »gut genug für den Moment und sicher genug für einen Versuch« sind. Dazu unterbreitet ihr den Entscheidungsvorschlag, klärt etwaige Unklarheiten und fragt dann so: »Sieht jemand einen wichtigen Grund oder eine ernste Bedrohung, weshalb dieser Vorschlag in Hinblick auf unser gemeinsames Ziel Schaden anrichten könnte?«

Ein »ungutes Gefühl im Bauch« ist zu wenig. Es braucht triftige Hinweise auf womöglich gefährliche Konsequenzen, wie zum Beispiel: ein Entscheid torpediert die Unternehmensstrategie, baut unnötige Bürokratie auf, unterminiert Kundeninteressen. Zudem kann es gesetzliche Vorschriften, Haftungsgründe, Compliance-Regeln, Finanzimplikationen oder Aspekte rund um die IT-Sicherheit geben, die ein geplantes Vorgehen unmöglich machen.

Die konkrete Entscheidung fällt so: Auf Kommando eins, zwei, drei treffen alle Meeting-Teilnehmer:innen gleichzeitig (um einander nicht zu beeinflussen) ihre Wahl.

- Faust mit Daumen nach oben bedeutet: alles okay.
- Ausgestreckte wackelnde Hand mit der Handfläche nach unten: Ich habe leichte Bedenken, die aber unschädlich für die Annahme des Vorschlags sind.
- Ausgestreckte Hand mit der Handfläche nach oben (also gebend): Ich habe gravierende Bedenken und konkrete Hinweise auf einen bedrohlichen Schaden.

Wer die dritte Variante gewählt hat, nennt seine konkreten Bedenken. Danach fragt ihr zunächst den Vorschlaggebenden, ob er seinen Vorschlag modifizieren kann. Sieht der keine Möglichkeit, fragt ihr den Bedenkengebenden, ob er eine Idee dazu hat. Gegebenenfalls bittet ihr die gesamte Gruppe um Lösungsvorschläge. Nach der Modifizierung erfolgt eine zweite Abstimmung. Gibt es nun kein Veto mehr, ist der Vorschlag angenommen, man setzt ihn versuchsweise um. Gibt es weiterhin ernste Bedenken, geht ihr in eine weitere Runde – oder legt den Vorschlag ad acta.

>> **Die Elfer-Skala:** Diese Methode ist sehr effizient, um Entscheidungen zügig herbeizuführen. Zunächst wird das Thema vorgestellt, zu dem eine Entscheidung ansteht. Hiernach ist Zeit für Verständnisfragen. Dann wird den Teilnehmenden eine erste Bewertungsfrage gestellt:

> Auf dieser Skala von 0 bis 10: Wie wichtig und dringlich ist das Thema für uns?

Jeder trifft seine Entscheidung, das geht mithilfe entsprechender Tools natürlich auch online. Anschließend werden stellvertretend je zwei Meinungen aus dem niedrigen (0 bis 3) und dem hohen Bewertungsbereich (7 bis 10) gehört.

Hiernach gibt es eine zweite Bewertung mit der gleichen Frage auf einer neu gezeichneten Skala. Liegen alle Bewertungen nun zwischen sieben und zehn, ist die Entscheidung gefallen. Liegen Bewertungen noch immer darunter, kann eine Konsent-Frage helfen. Womöglich muss der Vorschlag überarbeitet werden.

Abb. 7: Skalierungsmethode für die Entscheidungsfindung

#10 Rasant: Wie ihr die Entscheidungsrallye gewinnt

Neulich in einem Workshop: Lange Entscheidungswege und interne Bürokratie? »Bei uns kein Thema«, hieß es. Glücklicherweise hat sich ein junger Mann mutig gemeldet. Er war gleich nach der Uni in diese Firma gekommen und hat uns von seinen ersten Tagen im Unternehmen erzählt. Schon bald brauchte er neue Batterien für die Computermaus. Aufwendig musste er zunächst ein Formular für den Bestellvorgang suchen. Zudem brauchte er die Unterschrift des Vorgesetzten, weil dort alle Anschaffungen schriftlich einzureichen und zu genehmigen waren. Wir haben gemeinsam mal kurz gerechnet und ein Preisschild an den Prozess gehängt: Dem Gegenwert von zwei Euro für die Batterien standen 200 Euro Transaktionskosten gegenüber:

Der Genehmigungsprozess (Antrag suchen, ausfüllen, einreichen)	50 Euro
Entgangene Arbeitszeit aller Beteiligten für wichtigere Aufgaben	50 Euro
Temporär getrübte Motivation = Minderleistung beim Antragsteller	50 Euro
Verplemperte Arbeitszeit Dritter, die sich die Story anhören mussten	50 Euro

Und das ist noch nicht alles. Denn dieser junge Mann mit exzellentem Abschluss hatte die Nase voll von solch unzeitgemäßen Prozessen und derartiger Gängelei. Er war eingestellt worden und in die Firma gekommen, um etwas zu bewegen. Weil ihm das dort aber nicht möglich erschien, war er bereits auf dem Sprung. Bei nächstbester Gelegenheit würde er das Unternehmen verlassen. Die Opportunitätskosten: 100 000 Euro, um diese Position dann neu zu besetzen.

Kluge Köpfe wollen autonom entscheiden

Beim schwedischen Streamingdienst Spotify, Weltmarktführer für Musikvermarktung mit mehr als 4500 Mitarbeitern, sieht man das so: Ein guter Mitarbeiter trifft in 70 Prozent aller Fälle dieselben Entscheidungen wie sein Chef. In 10 Prozent der Fälle ist der Chef darin besser. Und zu 20 Prozent fällt der Mitarbeiter die besseren Entscheidungen, weil er näher an einer operativen Sache dran ist und deshalb davon mehr Ahnung hat. Geht es um digitale Belange oder spezifische Fachbereiche, treffen Experten fast immer bessere Entscheidungen als ihre Chefs.

Nichtsdestotrotz laufen in vielen Corporates die Genehmigungswege noch immer wie anno dazumal: Selbst Entscheide von geringem Umfang werden in die nächsthöhere(n) Hierarchiestufe(n) verlagert, also dorthin, wo man weniger von einer Sache versteht. Viel geht so daneben. Zudem verlangsamen die zahlreichen Genehmigungsschritte zeitnahe Reaktionen. In der vor uns liegenden Hochgeschwindigkeitszukunft ist die Fähigkeit zu guten und zugleich raschen Entscheidungen aber fundamental, um nicht von der schnelleren Konkurrenz überholt zu werden.

Doch niemand weiß alles, um die Geschicke eines ganzen Unternehmens zu lenken. Es ist auch gar nicht Aufgabe der Oberen, alles am besten zu wissen. Dafür haben sie ja ihre Leute. »Unser dezentrales Entscheidungsmodell ist ein fester Bestandteil unserer Kultur und einer der Hauptgründe dafür, dass wir so schnell wachsen und so innovativ sind«, schreibt Netflix-Gründer und CEO Reed Hastings in *Keine Regeln.*[19] Auch Netflix ist bekanntlich Weltmarktführer.

Messt also gern mal in eurer Firma, wie oft das Absegnen reine Formsache ist. Und dann lasst das! Wenn eh meist Übereinstimmung herrscht, sind Bewilligungsmarathons pure Ressourcenverschwendung. Der Chef als Edelsachbearbeiter, der seine Zeit mit Häkchenmachen verplempert? Wer sich mit so was rumschlagen muss, wird zum Mikro-Manager, ob er will oder nicht. Und all das lässt sich bepreisen. Obendrauf kommen weitere Kosten, wenn Obere etwa auch darüber befinden, ob die Ideen der Mitarbeitenden umgesetzt werden: entgangene Ersparnisse, weil ein Verbesserungsvorschlag liegen blieb, oder entgangene Erlöse, weil ein innovativer Vorstoß den Markt nicht erreicht.

Grad letzte Woche sprach ich mit Karsten, der sagte: »Ich wurde als Senior eingestellt und als Senior bezahlt – aber behandelt wie ein Azubi. Alles musste ich mir absegnen lassen. An Veränderungsmaßnahmen war gar nicht zu denken.« Nach sechs Monaten war er weg. Ja, es ist eine Krux: Erst wollen die Firmen die besten Mitarbeiter:innen, dann werden diese geführt, als ob sie keine eigenen Entscheidungen treffen könnten.

Die Zentralisierung operativer Entscheidungen bremst nicht nur alles aus. Sie macht die Mitarbeitenden willenlos und züchtet Marionetten. Sie ist sogar existenzbedrohlich. Die vielen Regularien begünstigen eben *nicht* den Erfolg, nein, ganz im Gegenteil: sie behindern ihn. Deshalb sollten Obere beiseitetreten, damit sich die Mitarbeitenden endlich in Freiräumen entfalten können. Mikrokontrolleure bekommen Leute, die antriebslos sind, die sich nichts trauen und am Ende auch nichts mehr können.

Neue Zeiten brauchen neue Vorgehensweisen

In den frühen Zeiten der Industrialisierung war es sicherlich sinnvoll, bei anstehenden Entscheidungen die Führungskräfte einzuschalten. Da wurden ungelernte Tagelöhner direkt von den Feldern in die Fabriken geholt. Man sagte ihnen, was sie zu tun hatten, und genau das taten sie auch. Vorarbeiter waren dazu da, sie anzutreiben: mit Planzahlen, harschen Vorgaben und strengen Kontrollen. Am Fließband war die Mitarbeiterqualifikation meist gering, die Arbeitsschritte waren einfach und repetitiv. In unseren fortschreitenden Wissensökonomien hingegen sind die Menschen bestens ausgebildet und ihre Arbeit ist hochkomplex. Sie brauchen keine Vor- und Nacharbeiter, die ihnen sagen, was zu tun und zu lassen ist.

Vorgezeichnete Wege hemmen die Fantasie und zerstören damit die Möglichkeit, eigene bessere Wege zum Ziel zu finden. Wer Kompetenzen einschränkt, verringert zudem den Anreiz, Großes zu wollen. Nicht die bestmögliche Performance, sondern das Befolgen von Regeln wird dann zum Ziel. Und eine Egal-Mentalität stellt sich ein. Die heute so dringend benötigten neuen, forschen, unkonventionellen Ideen sind dann unerreichbar.

Unternehmen können in Zukunft nur dann erfolgreich sein, wenn sie zugleich gute und rasche Entscheidungen treffen. Hochstrategisches gehört natürlich in den obersten Stock. Dies liegt außerhalb des Wissens oder der Verantwortung der operativen Teams. Wenn es hingegen um operative Maßnahmen geht, entscheidet besser nicht der Vorgesetzte, sondern der Mitarbeitende oder das Team, in dem ein jeweiliger Vorstoß wirksam wird. Dabei müssen die Führenden akzeptieren, dass nicht ihre eigene Meinung das Maß aller Dinge ist, sondern dass es auch andere, weitaus geeignetere Wege zum Ziel geben kann.

Zudem haben die, die das Ohr ständig am Markt haben, auch ein besseres Gespür dafür, was das nächste große Ding werden könnte. Also dann: Gibt es überhaupt gute Gründe für einsame Chefentscheidungen in *operativen* Belangen? Ja, und zwar sind das Situationen, die blitzschnelles Handeln erfordern und große Auswirkungen haben, wie etwa bei Katastrophen jeglicher Art. Begründe als Chef in diesem Fall, weshalb es zu einer solchen Entscheidung kam.

Die Entscheidungsmatrix: Typ 1 oder Typ 2?

Wenn nicht klar festgelegt ist, wer was entscheidet, herrscht Unsicherheit. Dann entscheiden die Mitarbeitenden lieber nicht. Insofern gilt es zunächst, zwischen Strategischem und Operativem zu unterscheiden. Ich nenne sie Entscheidungen von Typ 1 und Typ 2:

>> **Typ-1-Entscheidungen:** Das sind strategische Entscheidungen. Diese haben meist einen langfristigen Zeithorizont mit weitreichenden Konsequenzen, wie etwa Fusionen, internationale Expansionsvorhaben, ein Firmenumzug, Investitionen in neue Produktionshallen und so fort. Dabei geht es um die großen Zusammenhänge im Marktgeschehen, um langfristige Perspektiven, um juristische Haftungsgründe, um Finanzrestriktionen usw., die für die Unternehmenssteuerung maßgeblich sind. Solche Entscheidungen gehören in den obersten Führungskreis, weil sie im Fall von Fehlern existenzbedrohliche Folgen haben können.

>> **Typ-2-Entscheidungen:** Das sind Entscheidungen von operativer Bedeutung. Sie werden eigenverantwortlich dort getroffen, wo sie tatsächlich hingehören: Dort, wo die Fachleute sitzen, dort, wo man ganz nah am Kunden ist, und dort, wo man beim kleinsten Hinweis auf Fehler nachsteuern kann. »Kompetenzen und Verantwortung zusammenführen« nennt man dieses Prinzip. In operativen Belangen kann ein Mitarbeiterteam, sofern es erstens das Können und zweitens den Zugang zu allem benötigten Wissen hat, meist die effektiveren Lösungen finden.

Ein erster Schritt auf dem Weg zu einer dezentralen Entscheidungskultur kann also darin bestehen, eine Entscheidungsübersicht für seinen Bereich zu erstellen. Dazu wird zunächst auf einem Board zusammengetragen, welche Entscheidungen von strategischer und welche von operativer Bedeutung sind. Danach wird festgelegt, wer bei Entscheidungen von Typ 1 involviert ist und diese genehmigt. Entscheidungen von Typ 2 werden autonom im Team oder von einer Einzelperson getroffen. Allenfalls gibt es eine Informationspflicht »nach oben« und/oder ein Vetorecht der Führenden. Auch das wird notiert. Optisch kann die Übersicht recht einfach wie folgt aussehen:

Entscheidungen von Typ 1 (strategischer Natur)	
Art der Entscheidung (alphabetisch):	Informationspflicht an bzw. Vetorecht von:

Entscheidungen von Typ 2 (operativer Natur)	
Art der Entscheidung (alphabetisch):	Informationspflicht an bzw. Vetorecht von:

Abb. 8: Übersicht für Entscheidungen von Typ 1 und Typ 2

Anschließend wird die Liste intern veröffentlicht. Das schafft Klarheit, Sicherheit und Transparenz. In einer festgelegten Experimentierphase, die mehrere Monate dauern kann, wird die Brauchbarkeit des Ganzen getestet. Änderungen und Ergänzungen sind nach gemeinsamer Absprache jederzeit möglich. Die Informationspflicht und vor allem das Vetorecht sollten nur äußerst selten angewandt werden, um den Weg in das eigenverantwortliche, selbstorganisierte, agile Arbeiten tatsächlich zu ebnen.

#11 Feedback sofort! So wächst die Leistungsfähigkeit aller

Vorstandsbeschluss! »Wir machen das jetzt wie bei Netflix.« Bei Netflix gibt man sich Feedback nicht nur immer, überall und sofort, sondern auch im Rahmen spezieller Feedback-Dinner mit Chef und Team. Dabei gibt jeder jedem am Tisch ein Live-Feedback nach dem Muster: Fangen Sie an, hören Sie auf, fahren Sie fort. Ein Verhältnis von 1/4 positiven Hinweisen zu 3/4 Entwicklungsanregungen in Form von uneingeschränkt offenen, ehrlichen, spezifischen Aussagen ist üblich. Allgemeinplätze und unangebrachte Bemerkungen sind genauso tabu wie Höflichkeitsfloskeln und Einschmeichelei. Sollte sich jemand im Ton vergreifen, bekommt er augenblicklich Feedback zu seinem Feedback: »Hey, das ist nicht hilfreich.«[20] Bei Netflix funktioniert das, weil deren Kultur darauf ausgerichtet ist, mit einer hohen Talentdichte Spitzenleistungen zu erzielen, ohne die Mitarbeiter:innen zu steuern und zu kontrollieren. Bei absoluter Transparenz bietet man ihnen dort einen Rahmen, in dem diese selbstorganisiert arbeiten, eigenverantwortlich handeln und dezentral entscheiden. Das macht das Unternehmen schnell, flexibel, hochinnovativ – und sehr erfolgreich.

Netflix hat 1997 als DVD-Verleiher angefangen. 2007 wurde das eigene Geschäftsmodell von innen heraus disruptiert. Das Unternehmen stieg ins Video-on-Demand-Geschäft ein und wurde zum erfolgreichsten Streaming-Anbieter der Welt mit rund 10 000 Mitarbeitern (Stand 2021). Übrigens änderte der seinerzeitige Marktführer Blockbuster seine Strategie nicht – und ging 2010 in die Insolvenz. Reed Hastings, der Netflix-Gründer und CEO, sieht die Unternehmenskultur, die auf der Maxime »No Rules« basiert, als entscheidenden Erfolgsauslöser. »Diese Kultur hat es Netflix ermöglicht, kontinuierlich zu wachsen und sich im Gleichschritt mit einer Welt und mit den Bedürfnissen unserer Abonnenten zu wandeln.«[21]

Sicher gehen einige Netflix-Mitarbeitende mit Herzklopfen zu einem solchen Abendessen. Wer lässt sich schon gern die Leviten lesen? Top-Talente wissen aber auch: Ein Lob ist Balsam für die Seele, klar, doch noch wertvoller sind Hinweise, die einem helfen, immer besser zu werden. Zudem wird man bei Netflix an die hohe Kunst eines guten Feedbacks sukzessive herangeführt. Dort gibt es Schulungsprogramme, in denen die Mitarbeiter:innen lernen und üben, Feedback respektvoll zu geben und wertschätzend anzunehmen. Bei obigem Konzern hingegen, der noch immer machthierarchisch aufgestellt war, gab es das nicht. Dort fiel es den Ranghohen leicht, Feedback großzügig »nach unten« auszuteilen. Doch schon untereinander wurde es schwierig. Niemand will es sich ja mit seinen Kollegen verscherzen. Und von »unten nach oben«? Das klappte gar nicht. Kein Mitarbeitender gibt seinem Chef knallhartes Feedback, wenn sein Fortkommen von dessen Wohlwollen abhängig ist. »Schwindelabend« wurden die Veranstaltungen intern genannt. So musste dieser Copycat-Vorstoß zwangsläufig scheitern. Man kann nicht einfach etwas von anderswo übernehmen, weil es dort funktioniert. Es muss zur eigenen Firmenwelt passen.

> Veränderungsbereitschaft und Adaptionsvermögen sind Kernkompetenzen der Zukunft. Das macht stetiges und zugleich zeitnahes Feedback unerlässlich. Nur in einer Kultur, in der jede und jeder sich sicher fühlt und ihre / seine Meinung in alle Richtungen gefahrlos äußern darf, kann wirklich Großes gelingen.

Gutes Feedback kann aber nur dann wirksam werden, wenn es annehmbar ist. Man dürfe dem anderen die Wahrheit nicht wie einen nassen Lappen um die Ohren schlagen. Man solle sie ihm vielmehr hinhalten wie einen Mantel, damit er hineinschlüpfen kann, so der große Schweizer Schriftsteller Max Frisch.

Als Feedback-Geber: So machst du Feedback annehmbar

Grundvoraussetzung, damit Feedbackprozesse tatsächlich gelingen, ist die Erkenntnis:

> Hochleistungssituationen entstehen dort, wo sich Menschen entschließen, voneinander und miteinander zu lernen, indem sie aktiv um Feedback bitten, Feedback respektvoll geben und dankbar annehmen. Solche Talente machen sich gegenseitig besser, sodass die Leistungsfähigkeit aller wächst. Es entsteht eine Kultur der Selbstverantwortung, die höchste Performance ermöglicht. So erschaffen Mitarbeitende bessere Lösungen und ziehen damit bessere Kunden an. Zudem steigt die Attraktivität für weitere Top-Talente, wodurch sich die Talentdichte erhöht – und infolgedessen die Innovationskraft zunehmend steigt.

Ein Feedback beginnt ihr am besten mit einer Frage, etwa so: »Bist du offen für einen Hinweis?« Beim Feedbackgeben gilt darüber hinaus:

>> **Das Feedback-Ziel ist die Unterstützung:** Der Geber muss mit dem Feedback positive Absichten verfolgen. Bösartige Rückmeldungen, die absichtlich verletzen, beleidigen oder herabsetzen sollen sowie Versuche, via Feedback politische Spielchen zu spielen, sind nicht erlaubt. Das Selbstwertgefühl einer Person muss intakt bleiben, damit sie das Feedback annehmen kann. So sind respektvolle Worte, die die Sicht des Gegenübers sachte erweitern, überaus wichtig. Auch eine Begründung ist hilfreich, etwa so: »Ich gebe dir diese Rückmeldung, weil ich besorgt bin, dass …« Das Ganze soll die Person und damit auch die Firma weiterbringen.

>> **Im Mittelpunkt steht der praktische Nutzen:** Ein gelungenes Feedback ist konstruktiv und konkret. Es muss sich auf die Dinge konzentrieren, die der Empfänger tatsächlich ändern kann. Es stützt sich auf Beobachtungen, nennt also niemals Vermutungen. Der Sachverhalt wird aus der Eigensicht heraus geschildert (»Mir ist aufgefallen, dass …« oder: »Ich erlebe

es so, dass ...«). Zudem sollen die Auswirkungen beleuchtet werden (»Das hat dazu geführt, dass ...«). Womöglich spricht man eine Verhaltensalternative an (»Was ich mir vorstellen könnte ...«). Nachdem alles besprochen ist, könnt ihr zum Schluss wohlwollend fragen: »Du nimmst mir auch wirklich nicht übel, dass ich so offen zu dir war?« Niemand wird hier Nein sagen können – und alles ist gut.

Übrigens: Nichts ist schlimmer als eine oberlehrerhafte Belehrung oder jemand, der ständig herausstellt, um wie viel besser er es selbst gemacht hätte. Vielmehr gilt: Wer im Zuge solcher Gespräche niemanden abkanzelt und entwürdigt, sondern achtsam dessen Blick nach vorne richtet, fördert nicht nur dessen Selbstachtung, sondern auch Änderungsbereitschaft und Akzeptanz.

Unmittelbares Feedback gibt Orientierung. Deshalb gilt: Feedback sofort! Dann kann es auch sofort seine Wirkung entfalten. Im unternehmerischen Alltag ist dies elementar – und für die Internet-Generation längst selbstverständlich. Jedes »Like« im Social Web ist wie ein virtuelles Schulterklopfen. Auch bei Online-Games wird man für vollbrachte Spielleistungen postwendend belohnt: mit Fortschrittsbalken, Status-Upgrades und so fort. Das macht süchtig nach mehr.

»Instant Feedback« kann jeder geben. Dazu braucht es keine offizielle Feedback-App, wie man sie jetzt in immer mehr Unternehmen findet. Wenn etwas formal vorgegeben wird, wirkt das immer erzwungen. Ein kleiner persönlicher Dank via Whatsapp & Co., ein handgeschriebenes Prima-gemacht-Post-it auf dem Kanban Board oder ein Daumenhoch-Schild während des Online-Meetings, so was wirkt oft sehr viel besser.

Wir brauchen die Resonanz anderer Menschen, um ein Gefühl für die eigene Identität zu bekommen. Deshalb ist auch *positives* Feedback elementar. Es sorgt als Verstärker dafür, dass ein erwünschtes Verhalten fortgesetzt wird. Bekommen wir keines, fangen wir an, herumzueiern, probieren mal dieses, mal jenes, um doch noch eine Reaktion zu ergattern. Anstrengungen müssen lohnenswert sein, sonst schaltet unser Gehirn den Energiesparmodus ein. Wer keine Anerkennung ausdrücken und nicht wertschätzend loben kann, wird feststellen, dass es in seinem Umfeld bald nichts mehr zu loben gibt.

Als Feedback-Nehmer: So machst du das Beste aus Feedback

Schnell lernen und dich weiterentwickeln kannst du vor allem dann, wenn du permanentes Feedback bekommst. Das gilt übrigens nicht nur für Menschen, sondern auch für einen Algorithmus. Je mehr Daten und je schneller die Feedbackschleifen, desto smarter wird er und desto besser ist seine Performance. Top-Mitarbeitende sind auch deshalb stabil, robust und souverän, weil sie Feedback intensiv nutzen, um stetig besser zu werden, selbst dann, wenn das schon mal schmerzt.

Feedback ist ein Geschenk, und so sollte es auch angenommen werden. Dabei gilt:

>> **Angemessene Wertschätzung:** Wer kritisiert wird, neigt dazu, sich zu rechtfertigen oder gar ärgerlich zu werden, um sein Ansehen zu schützen. Das bringt niemanden weiter. Feedback ist keine Attacke, sondern eine Gelegenheit, die dir hilft, dein Vorgehen zu optimieren. Insofern gilt: konzentriert hinhören, Wertschätzung für das Gesagte zeigen, sich für den Hinweis bedanken.

>> **Akzeptieren oder ablehnen:** Wer ein Feedback erhält, sollte ernsthaft versuchen, davon zu profitieren, etwa so: »Oh, danke, daran hatte ich gar nicht gedacht.« Oder so: »Du hast recht. Feedback angenommen.« Oder, wenn es einen trifft: »Danke, ich möchte ganz in Ruhe darüber nachdenken.« Du bist aber nicht verpflichtet, dich nach den Empfehlungen des Gebers zu richten. Und du musst auch nicht sagen, wie du dich entschieden hast. Folgst du den Hinweisen des Gebers, tut es aber gut, ihm / ihr das zu sagen. Menschen verstärken Verhalten, für das sie eine positive Rückmeldung erhalten. So kommt dann sicher öfter ein Hinweis, der dich weiterbringt.

»Würdigend hinhören, nicht rechtfertigen, dankend annehmen«, so sollte das Mantra klingen, wenn Feedback kommt. Sonst ist die Gefahr einfach zu groß: Man fühlt sich mies, empfindet Scham, verteidigt sich, schlüpft in die Opferrolle, schönt Sachverhalte, schiebt den »schwarzen Peter« anderen zu. Einsicht und Besserung sind dann kaum zu erwarten. Nur wenn du innerlich offen bist, kann Feedback wirken.

Beachte auch: Vielen ist das Feedbackgeben unangenehm, weil sie eine negative Reaktion, eine Eintrübung der Beziehung oder gar Vergeltungsmaßnahmen befürchten. Aus solchen Gründen sagen sie lieber nichts. Deshalb: Werde *du* aktiv, etwa so: »Hast du eine Idee, was ich bei der Präsentation heute früh im Meeting hätte anders machen können?« Übrigens gibt es noch etwas Besseres als Feedback, und das ist:

>> **FeedForward** (von Marshall Goldsmith): Hierbei wartest du nicht auf eine Rückmeldung zu zurückliegendem Verhalten, sondern fragst proaktiv, wie du zukünftiges Handeln optimieren kannst. Dazu wählst du eine Verhaltensweise aus, die du ändern möchtest. Dann fragst du zum Beispiel so: »Ich brauch mal deine Hilfe. Ich möchte in Zukunft etwas mutiger meine Meinung sagen. Kannst du mir zwei Hinweise geben, wie ich das von nun an besser machen kann?« Bitte mehrere Personen, dir so zu helfen. Mach dir Notizen, bedanke dich, aber kommentiere die Vorschläge nicht.[22] Was du dann daraus machst, ist deine Sache.

Beim ersten Mal fühlt sich das vielleicht etwas peinlich an, doch schon bald wird es – für dich und dein Umfeld – völlig normal. Denn die Erkenntnis ist unmittelbar: Wer eifrig FeedForward einfordert, verbessert sich merklich – und unglaublich schnell.

Wie du als Führungskraft Feedback gibst und erhältst

Im Rahmen einer Studie der Personalberatung Rochert Mummert gab fast jeder zweite der mehr als 1000 befragten Arbeitnehmer:innen an, dass seine / ihre Führungskraft öfters unsachlich argumentiert und ihm / ihr Vorwürfe macht, statt konstruktives Feedback zu geben.[23] Das ist erschütternd – und mit Blick auf die Zukunft verheerend. Vorwürfe werden von unserem Gehirn als Angriff gedeutet, was dazu führt, dass das Denkvermögen nachlässt, Resignation einsetzt und die Leistungsfähigkeit bröckelt. Das kann keine Führungskraft wollen. Die Kunst des konstruktiven Feedbacks in Form eines (bisweilen kontrovers diskutierten)[24] Fünf-Schritte-Konzepts ist ein Mittel der Wahl. So funktioniert es:

1. Hole dir zunächst das Okay für das Hinweisgespräch.
2. Finde dann etwas, was dir gut gefallen hat.
3. Erläutere nun den Nutzen, den dein Hinweis birgt.
4. Nenne deinen Tipp oder stelle die Frage nach einem Vorschlag.
5. Schließe mit einem Appell oder einem Dank ab.

In der praktischen Umsetzung klingt das dann etwa so:

1. Darf ich zu deiner Präsentation heute im Meeting einen Hinweis geben?
2. Deine Fachkenntnis zum Thema hat mich richtig beeindruckt.
3. Um die Zuhörer auch emotional zu gewinnen (kleine Pause einlegen),
4. wäre womöglich eine kurze Geschichte ganz hilfreich.
5. Was meinst du dazu? Ließe sich das machen? Das wäre gut!

Über das Feedbackgeben hinaus stellt ein guter Leader auch sicher, dass er selbst und das gesamte Unternehmen hochwertiges Feedback erhält. Meine Lieblingsmethode dazu ist die »Gewissensfrage«, und die geht so:

>> **Die Gewissensfrage:** »Stell dir vor, du wärst unser Unternehmensgewissen. Was würdest du uns/mir sagen? Was könnten wir/könnte ich besser machen? Was müsste sich zügig verändern?« Wird die Gewissensfrage schriftlich gestellt, kann man sie durch eine fiktive Person ergänzen, bei der ein Engelchen und ein Teufelchen rechts und links auf der Schulter sitzen. Das macht die Sache noch emotionaler und bringt sowohl positive als auch negative Antworten hervor.

Wichtig: Viel Platz zum Ausfüllen geben. Ungeschminkte Antworten können vieles ans Licht bringen, was man schon immer gern wissen wollte. Womöglich werden die Oberen so endlich erfahren, was aufgrund von Gerüchten außer ihnen schon alle wissen und was die eigentlichen Gründe für hartnäckige Probleme sind – damit man sie endlich beseitigen kann. Du willst keine schlafenden Hunde wecken? Die Hunde schlafen nicht! Sie toben sich nur woanders aus. Zum Beispiel auf Meinungsplattformen und Bewertungsportalen.

Alternativ können folgende Fragen gute Erkenntnisse bringen:

>> **Die Forum-Frage:** Wenn wir ein Forum hätten mit dem Namen »Was bei uns total nervt«, welches wären die drei Hauptdiskussionspunkte?

>> **Die Gummibaum-Frage:** Wenn der Gummibaum in unserem Besprechungsraum reden könnte, was würde er zu unserer Gesprächskultur sagen?

>> **Die Kaffeemaschinen-Frage:** Wenn unsere Kaffeemaschine sprechen könnte, was würde ihr bei unserem Miteinander am meisten missfallen? Und was würde ihr am besten gefallen?

Durch solche Über-Eck-Fragen, die zudem auf das jeweils Wichtigste fokussieren, kommt man zügig an ganz neue Erkenntnisse heran.

#12 Killerkommunikation: So wird man sie los

Wir schreiben das Jahr 1846. Ignaz Semmelweis, ein junger ungarischer Chirurg, arbeitet als Geburtshelfer am Kaiser-Joseph-Krankenhaus in Wien. Von Bakterien weiß man damals noch nichts. Durch Beobachtung findet Semmelweis aber heraus, dass, wenn man seine Hände vor jeder Behandlung gründlich desinfiziert und alle benutzten Instrumente sterilisiert, die Sterberate durch Kindbettfieber erheblich sinkt. Statt nun den Mediziner zu feiern, wird seine Entdeckung als »spekulativer Unfug« negiert und angefeindet. Schließlich wird er sogar entlassen. Die Kollegen wollen einfach nicht wahrhaben, dass sie, weil sie es an Hygiene mangeln lassen, selbst die Ursache der hohen Sterblichkeit sind. Nach seinem Rauswurf steigt die Mortalität der Mütter nach der Entbindung wieder dramatisch. Doch Semmelweis wird Zeit seines Lebens von Ärzte-Kollegen gehasst, gemieden und ausgegrenzt. Letztendlich endet und stirbt er in einer Nervenheilanstalt. Dabei hat er das Leben von Millionen Menschen gerettet.

Seitdem spricht man vom Semmelweis-Reflex, wenn eine Idee, die etablierten Verhaltensweisen und verbreiteten Überzeugungen widerspricht, reflexartig erst einmal abgelehnt und der Urheber eher bekämpft als unterstützt wird. Vielen Größen ist das so ergangen. Manche landeten in der Verbannung, am Galgen oder auf dem Schafott. Nikolaus Kopernikus, der sein Leben lang den Lauf der Planeten erforscht hat, wagte erst auf dem Sterbebett, sein heliozentrisches Weltbild, bei dem nicht die Erde, sondern die Sonne im Mittelpunkt steht, zu veröffentlichen. Galileo Galilei musste seine Lehren vor dem Großinquisitor zu Rom widerrufen, um sein Leben zu retten. Das war 1633.

Doch warum nur ist solche Abwehr, wenn auch heute gemildert, immer noch gängig? Viele wittern im Neuen eine dubiose Gefahr, die man besser gleich bekämpft. Manche quält das Gefühl, dass ihr Ego beschädigt wird und sie an Macht verlieren, wenn jemand ausgerechnet »ihr Baby« vom Podest holt. Andere plagt die Erfolgsarroganz. Wem alles gelingt, der glaubt gern, dass es einfach immer so weitergeht. Und dann ist da noch Ignoranz. »Die Tanzenden wurden für verrückt erklärt von denjenigen, die die Musik nicht hören konnten«, so ein Zitat, das man Friedrich Nietzsche zuschreibt.

Risiken meiden: In vielen Organisationen die bessere Wahl

Wer fest im Sattel sitzt, hat keinen Bock auf Experimente. Sie bergen das Wagnis des Scheiterns. Eine größere Fehlentscheidung, Budget in den Sand gesetzt, Zielzahlen nicht geschafft, und man ist Geschichte. Folgt man hingegen den Regeln und einem vorgegebenen Plan, hat man nichts zu befürchten. So sind die Geht-nicht-Sager, Vorgesternbewahrer und Bremsklotzunterschieber weit verbreitet. Oft sind sie die ersten im Meeting, die das Wort ergreifen, wenn eine neue Idee vorgestellt wird.

Und wie kommt es, dass sie so viel Gehör bekommen? Dazu hat die Harvard-Professorin und Kreativitätsforscherin Teresa Amabile verschiedene Experimente durchgeführt. Sie fand heraus, dass Kritiker oft als intelligenter wahrgenommen werden, man spricht ihnen ein spitzfindigeres Urteilsvermögen zu. »Schwarzseher erscheinen leicht als scharfsinnig und weitsichtig, während positive Äußerungen schnell als naiv abgetan werden«, sagt sie.[25] Ein simples »toll« ist eben nicht sonderlich überzeugend.

Insofern sind gute Ideen sehr zerbrechlich und werden leicht totgetrampelt. Jede Veränderung hat ja bekanntlich Beteiligte, Beleidigte, Betroffene und Befürworter. Sie setzt Hoffnungen und Befürchtungen frei. Sie erfordert zunächst Einsicht, dann loslassenden Abschied von lieb gewonnenen Gewohnheiten und dann ein überzeugtes *Ja* für das Neue. Dies liegt noch lange nicht jedem. So ersticken nicht selten Besitzstandswahrung oder Mutlosigkeit jedes kreative Denken und Handeln im Keim.

Sondiert im Unternehmen ruhig mal per einfacher Strichliste: Wie oft reden wir denn hier über das, was *nicht* funktioniert? Und wie viel läuft denn wirklich schief? Wie oft ist ein Negativfall denn tatsächlich eingetreten – oder in der Realität zu befürchten? Wie viele Kunden sind denn ganz und gar schwierig? Um wie viel besser ist die Konkurrenz denn zweifellos? Oder hat sie vielleicht nur die Beschäftigten mit der besseren Einstellung am Start?

Rest in Peace: Friedhof für Ideenkillerphrasen

Damit der Sprung in die Zukunft gelingt, muss Altes beiseitetreten. Doch Etablierte und gut Situierte sehen dabei vor allem das, was sie verlieren. So kann es passieren, dass frische, freche, fortschrittliche Ideen mit Totschlagargumenten abgeschmettert oder mit Killerphrasen zu Fall gebracht werden. Wo das toleriert wird, kommt ein ganzes Unternehmen zum Stillstand. Killerphrasen versauen das Klima und eisen alles ein.

Die größten Innovationsblocker sind die eigene Bequemlichkeit (»Dafür haben wir jetzt keine Zeit!«), die Angst vor Neuem (»Das haben wir noch nie so gemacht!«), Reviergehabe und das Nicht-hier-erfunden-Syndrom (»Sie haben doch überhaupt keine Ahnung, wie das hier bei uns läuft!«). Oft wird es persönlich: »Seien Sie doch nicht so naiv!« Oder höhnisch: »Sie wollen was ändern? Die Phase hat am Anfang hier jeder. Das geht vorbei.« Oder recht bissig: »Was mischen Sie sich hier ein?!« Oder ganz unverbindlich: »Lass mal, das schafft zu viel Unruhe jetzt, warten wir lieber noch ab.«

Auf manche Phrasen fällt man auch schnell mal herein. »Das machen wir doch schon«, ist eine solche. Da muss nachgefragt werden: »Wie denn genau? Wie früher? Wie immer? Wie alle?« Wer das Neue am Neuen nicht sieht, ist besonders gefährdet. Oft wird das Neue am Neuen auch gern überhört, weil unser Gehirn das Vertraute so liebt.

Doch wie stoppt ihr solche Ausbremseritis und Brunnenvergifterei? Und wie schafft ihr unleidige Phrasen gekonnt aus der Welt? Zunächst braucht es eine gemeinsame Erkenntnis, dass Totschlagargumente nichts und niemanden weiterbringen. Danach beginnt ihr, diese zu sammeln. Gemeinsam werden sie dann offiziell begraben: auf einem Friedhof für Ideenkillerphrasen.

Damit sie am Ende nicht wiederauferstehen und zu Untoten werden, könnt ihr ein Poster machen, etwa so, wie es die Abbildung zeigt. Das hängt ihr an der Wand im Besprechungsraum auf. Und jedes Mal, wenn wieder so eine Aussage kommt, quietscht einer mit einem Quietscheentchen zum Zeichen, dass gerade etwas Unerwünschtes passiert. Schließlich: Lasst Platz für neue Phrasen. Irgendjemandem fällt bestimmt noch was ein. Und ja, natürlich: Wenn euch der Friedhof zu morbide erscheint, entwickelt ein eigenes Bild, das zum Beispiel mit Mülleimern und Frühjahrsputz zu tun haben könnte.

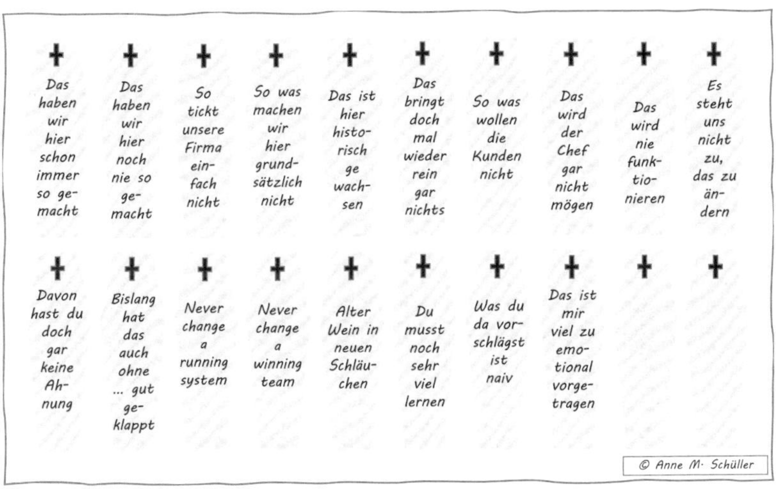

Abb. 9: Der Friedhof für Ideenkillerphrasen als Poster

Bei jedem Killersatz ist allerdings zu sondieren, ob es sich dabei um reine Abwehr oder um einen äußerst schlecht formulierten Hinweis handelt. Im zweiten Fall spürt man dem nach.

Auch eine gute Idee: Schatztruhe mit Powersätzen

Der Change Advisor Alex T. Steffen hat mich auf die Idee gebracht, dem Killerphrasenfriedhof eine Schatztruhe mit Powersätzen gegenüberzustellen. Diesen Vorschlag habe ich gerne aufgenommen. Hier einige Formulierungsvarianten:

- Kannst du zu dem Vorschlag ein wenig mehr sagen?
- Kannst du das Entscheidende kurz zusammenfassen?
- Ja, interessant. Wie könnte das ganz genau funktionieren?
- Was haben dir Leute mit anderer Meinung dazu gesagt?
- Was haben wir möglicherweise vergessen?
- Wer hat einen anderen Blickwinkel dazu?
- Wie können wir ... davon überzeugen?
- Was würde denn im besten Fall passieren?
- Wie sähe eine richtig gute Entscheidung aus?
- Was brauchen wir, um eine gute Entscheidung zu treffen?
- Wessen Sichtweise wäre hier noch hilfreich?
- Wie könnten wir antesten, ob das funktioniert?
- Welchen ersten Schritt würdest du empfehlen?
- Wer möchte das mal ausprobieren?
- Wenn es jemandem gelingt, dann sicher dir!
- Ich freue mich, dass du dich für diese Sache so engagierst.
- Vielleicht steckt etwas darin, was an anderer Stelle passt.
- Ich befürchte, das ist im Moment leider nicht machbar.

Ein Poster mit Schatztruhensätzen macht aber wohl weniger Sinn. Jeder sollte seinen eigenen Kommunikationsstil entwickeln, Hauptsache, er ist respektvoll und konstruktiv. Nehmt weitere gute Formulierungen gern in die Liste mit auf. Und einen besonders gelungenen Satz könnt ihr durchaus auch mal beklatschen.

#13 Future Leaders: An die Kletterwand!

Es ist 14 Uhr. Johannes, dessen Schreibtisch zwischen all den anderen steht, geht zur Kaffeemaschine und trägt eine Tasse frisch gebrühten Kaffee rüber zu Sven. Während er den Kaffee behutsam neben der Tastatur platziert, fragt Johannes, ob Sven noch etwas braucht. Sven schaut flüchtig von seinem Bildschirm auf und erwidert verlegen, dass er heute Abend ein Date hat, aber sein Hemd vorher noch zur Reinigung muss. Ruckzuck schnappt sich Johannes den Kleiderbeutel und ist schon auf dem Weg zur Tür. Sven schreibt die Software für Johannes' Firma. Sven und Johannes arbeiten auf Augenhöhe, aber wenn jemand den anderen hofiert, dann ist es Johannes. Er, der Chef, hat verstanden, dass jede Rolle im Unternehmen primär eine Funktion ist, auch die des CEO. Er weiß, dass es sich besser arbeiten lässt, wenn der Arbeitsplatz frei von Problemen ist und Leistung anerkannt wird. »Ich würde ihm auch mein Auto geben, wenn er danach fragt«, sagt Johannes. »Denn Sven macht uns hier alle erfolgreich.«

Johannes ist ein Future Leader. Er hat erkannt: Hochkompetente Mitarbeiter:innen brauchen keinen Chef im Nacken, niemanden, der den großen Zampano gibt, kein Zentralgestirn, um das alles kreist, keine Lichtgestalt, die einem zeigt, wo's langgeht. Sie brauchen Führende, die alles Hinderliche entfernen, die für Rückenwind sorgen und den Machern im Unternehmen helfen, ihr Bestes auszuspielen. So setzt sich ein High-Performance-Kreislauf in Gang.

Moderne Führung heißt: sich selbst transformieren

Immer häufiger lerne ich Menschen kennen, die mit neuen Formen der Zusammenarbeit experimentieren. Sie haben altbackenen Führungskonzepten abgeschworen, Kontrollexzesse eliminiert und Machtstrukturen auf den Kopf gestellt. Sie suchen nach neuen Modellen, Methoden und Möglichkeiten, um gemeinsam mit anderen sowohl den Erfolg ihrer Unternehmen zu mehren also auch zur Lebensqualität der Menschen und zur Unversehrtheit der Umwelt beizutragen.

> Natürlich brauchen wir auch morgen noch Führungskräfte. Sehr viele sogar. Doch sie führen anders als früher. Und sie wollen anders Karriere machen. Karriere wird zukünftig eine Lernchance sein – *nicht* länger ein vordefinierter hierarchischer Aufstieg.

Vor allem die ambitionierten Talente der jungen Generation suchen ständig nach neuen Herausforderungen. Klassische Karriereleitern sind, wie auch aktuelle Studien zeigen, für viele kaum noch erstrebenswert.[26] Kletterwandkarrieren mit Rollenflexibilität bieten, wie wir gleich sehen, einen Ausweg aus diesem Dilemma. Sie sind ein dringend benötigter Baustein, um die Zukunft eines Unternehmens zu sichern. Denn, ganz klar: Wenn sich um uns herum alles dynamisiert, tangiert das auch das Führungsverständnis.

> Den besten Beitrag zur Transformation leisten Führende, wenn sie sich selbst transformieren. In fortschrittlichen Unternehmen ist Führung nicht länger eine hierarchische Stelle und zentralistisch auf wenige Schultern verteilt. Sie ist vielmehr als Rolle an Aufgaben und Projekte gebunden. Mal ist jemand Führende:r, mal Geführte:r. Und da, wo es viele Projekte gibt, wechseln die Rollen situativ. So wird es viel mehr Führende geben. Und der Bedarf an Führungswissen wird insgesamt steigen. Soziale Kompetenzen sind dabei unverzichtbar.

Die zwölf Meta-Kompetenzen eines Future Leaders

Die alten pyramidalen Systeme brauchten vor allem Management. Moderne, vernetzt organisierte agile Unternehmen hingegen benötigen Leadership. Der Unterschied zwischen beidem? Bei Führung respektive Leadership steht der Mensch im Fokus, beim Management alles, was sich organisieren lässt.

- Ein Manager analysiert, entscheidet, strukturiert, steuert, weist an, kontrolliert.
- Ein Leader inspiriert, involviert, ermöglicht, bereichert, dialogisiert, delegiert.

Ein Führender benötigt vor allem soziale, der Manager vor allem methodische Kompetenzen. Eine Führungskraft ist vor allem Entwickler, ein Manager hauptsächlich Verwalter. Anweisungen geben und Abarbeit kontrollieren, das ist leicht. Dazu braucht es kein ausgefeiltes Führungsverständnis. Zudem werden Angestellte im Digitalzeitalter mehr und mehr von Software gesteuert. Das macht das Managen von Menschenhand zunehmend überflüssig. Verschwindet also das Methodische in den Computer, bleibt nur noch das Klarkommen mit Menschen übrig. Dann wird eine Führungskraft vornehmlich für Dinge gebraucht, die Computer (noch) nicht können, nämlich den Beschäftigten mit emotionaler Intelligenz, Empathie, Intuition und gesundem Menschenverstand zu begegnen.

Führungsexzellenz braucht Sozialkompetenz. Denn Selbstorganisation lässt Menschen reifen. Eigenverantwortung macht sie selbstbewusst. Entscheidungskompetenz macht sie stark. Reflexionsfähigkeit macht sie kritisch. Selbstinitialisierte Weiterentwicklung macht sie anspruchsvoll. Fortan kommen für Führungsaufgaben ausschließlich Menschenspezialisten infrage. Den anderen ist die Führungslizenz strikt zu entziehen.

Die Führungskräfte, die wir jetzt brauchen, sind Koordinator und Facilitator, Inspirator und Katalysator. Sie öffnen Türen, räumen Hürden beiseite und machen die Bahn frei, damit die Leute lossprinten können. Sie sorgen dafür, dass Entfaltungsräume für Handlungsoptionen entstehen. Ihre Kernaufgabe besteht darin, die Menschen dazu zu bringen, besser zusammenzuarbeiten und gemeinsam gute, schnelle, zukunftsweisende Entscheidungen zu treffen.

Solche Führungskräfte agieren interaktiv und dialogisch, mehr fragend als sagend, auf Augenhöhe statt über Autorität. Die operativen Entscheidungen liegen nicht mehr beim Anführer alten Stils, dem disziplinarischen Vorgesetzten (was für ein Wortungetüm), sondern in einem selbstorganisiert agierenden Team, was die Dinge erheblich beschleunigt. Anweisungs- und Kontrollgespräche fallen weg. Und damit auch Angst und Schrecken. Nur so können wirklich herausragende Resultate entstehen.

Außerdem müssen Führende schnellstens lernen, wie man Offenheit für das notwendige Neue entwickelt und Chancen aus dem ständigen Wandel schöpft. Innovationskraft und wirtschaftliches Handeln sind mit sozialer und ökologischer Verantwortung in Einklang zu bringen. Ein tiefgreifendes Verständnis für digitale Technologien und Mensch-Maschine-Interaktionen ist für Führende unumgänglich. In einem vernetzten Umfeld hängt eben alles mit allem zusammen. Zieht man an einer Ecke, bewegt sich das ganze Gebilde. Dafür braucht es einen holistischen Blick.

Zusammen mit den eher zeitlosen Führungsqualitäten umfasst Führungskompetenz mithin zwölf Hauptaspekte:

1. Transformationsvermögen
2. Digitalkompetenz
3. emotionale Intelligenz
4. Organisationsvermögen
5. Methodenkompetenz
6. Kommunikationsvermögen
7. Kooperationsfähigkeit
8. Vertrauensfähigkeit
9. Konfliktfähigkeit
10. Entscheidungsvermögen
11. Ergebnisorientierung
12. Selbstreflexionsvermögen

Nicht immer muss eine Führungskraft die höchstmögliche Ausprägung bei jeder dieser Kompetenzen anstreben und erreichen, da die Anforderungen an ein optimales Kompetenz-Set je nach Aufgabenstellung verschieden sind. Die Grafik lädt dazu ein, eine kritische Selbstbildanalyse zu erstellen. Diese kann mit einer für die jeweilige Position definierten optimalen Konstellation abgeglichen werden. Eine Fremdbildmessung kann weitere interessante Rückschlüsse geben. Dazu werden Dritte aus dem unmittelbaren Umfeld befragt. Und Achtung: Alle Beteiligten müssen absolut ehrlich sein, damit es zu validen Ergebnissen kommt.

Abb. 10: Die Meta-Kompetenzen eines Future Leaders. Jede Kompetenz erhält einen Wert zwischen null und zehn. Nebst Idealprofil können zusätzlich zur Selbstbewertung auch Fremdbewertungen eingeholt und in das Schaubild integriert werden.

Wie man Karrieren agilisiert: Kletterwand statt Leiter

Wenn institutionalisierte Hierarchien zurückgebaut werden, braucht es Karrierealternativen. Gibt es die nicht, dann ist es wahrscheinlich, dass amtierende Führungskräfte den notwendigen Wandel blockieren.

Um ihre Stellung und die damit verbundenen Privilegien haben sie lange gekämpft. Niemand gibt seine Pfründe gern freiwillig her. Mit Selbstentmachtung ist also kaum zu rechnen. Denn Macht will weiterleben. Zudem tangiert Beförderungspolitik immer auch die Lebensplanung. Insofern ist Selbstschutz völlig normal. Wer viel zu verlieren hat, klammert sich an den Status quo und hütet seine Befugnisse wie einen wertvollen Schatz. Zukunftsvernachlässigung ist die bedrohliche Folge.

Leider ist in Organisationen alten Stils immer noch ein Denken verankert, das Karriere gleichsetzt mit hierarchischem Aufstieg. Der Weg nach oben folgt einem vorgezeichneten Entwicklungsplan. Dabei gibt es viele Merkwürdigkeiten. Man dient sich hoch, ist irgendwann »dran« und darf nicht übergangen werden. Fähig oder unfähig zu höheren Weihen? Kaum relevant. Ist die einzige Möglichkeit, mehr Geld zu verdienen, an eine Führungskarriere gebunden, dann ist es nur logisch, dass man diese erstrebt – selbst dann, wenn man Menschen *nicht* führen kann oder will.

Ähnliches gilt für Leute mit akademischen Titeln. In vielen Unternehmen sind sie fast automatisch für Führungsaufgaben prädestiniert, obwohl man an der Uni so gut wie nichts über Führungsexzellenz lernt. Anderswo darf man sich einer Beförderung ins Führen auch dann kaum widersetzen, wenn einem das nicht liegt. Man wird zum Führen »verdonnert«. Wer hingegen eine begnadete Führungskraft wäre, aber noch jung ist, hat gefälligst auf der Karrierelaufbahn zu warten. Ein Klassiker ist auch immer noch der: Gute Ergebnisse in fachlichen Dingen werden mit einer Führungsaufgabe belohnt. Leider ist ein solider Fachmann nicht zwangsläufig auch eine Führungspersönlichkeit.

Aus all diesen Gründen werden Alternativen zum klassischen Karrieremodell dringend gebraucht. Kletterwandkarrieren mit Rollenflexibilität bieten sich da geradezu an. Wie das funktioniert? Mal ist jemand Führungskraft eines Teams, mal Leiter eines Projekts, mal Verantwortlicher eines Prozesses, mal agiert er ganz ohne Führungsaufgaben in einer Expertengruppe.

Insofern gehen Kletterwandkarrieren viel weiter als der bisweilen praktizierte duale Weg, bei dem Fach- und Führungskarrieren gleichgestellt sind. In beiden Fällen aber gilt: Wird eine Führungsrolle vorübergehend oder auf Dauer abgegeben, wird dies nicht als Rückschritt, sondern als Seitwärtsbewegung betrachtet. Vordefinierte Karrierewege, die zwangsläufig in eine Führungsaufgabe münden, gibt es dabei nicht mehr. Für den Einzelnen bringt dies oft wieder Freiheit und weniger Druck, vor allem dann, wenn einem das Führen eh nicht sonderlich liegt.

Die Führungskarriere darf *nicht* länger zwangsläufig als der bessere Weg gelten. Ohne Gesichtsverlust muss der Wechsel in eine Fachposition möglich sein. Dies ist auch deshalb höchst sinnvoll, weil Spitzenfachkräfte immer dringender benötigt werden. Statt Zwangsaufstieg auf der Karriereleiter braucht es für diese neue Herausforderungen in der Breite der Unternehmenslandschaft. So können gute Leute weiterkommen, ohne andere führen zu müssen.

Karriereleitern stehen für Traumkarrieren, aber auch für den Totalabsturz. An der Kletterwand hingegen könnt ihr leicht eine neue Route einschlagen, wenn ihr an eine unüberwindliche Stelle kommt. Außerdem sind diejenigen, die an Kletterwänden geübt sind, grundsätzlich agiler, situativer, anpassungsfähiger und flexibler. Immerhin müssen sie sich ihre Standflächen selbst zusammensuchen, weil es keine vorgezeichneten Leitersprossen nach oben gibt. Mehr noch: Manchmal muss man wieder festen Boden unter die Füße bekommen, um weiterfliegen zu können.

Egal, mit welchem Aufstieg ihr weitermacht, alles, was ihr bei früheren Klettergängen gelernt habt, kann helfen, die nächste Route schneller zu packen. In Zeiten, in denen der tägliche Wandel zur Normalität wird und der digitale Vormarsch ständig neue Anforderungen stellt, sind Kletterwandkarrieren genau die richtige Wahl.

Managersprache entlarvt das wahre Mindset sofort

Führungskräfte machen ihre Bedeutung gern daran fest, wie viele Mitarbeitende bei ihnen »aufgehängt« sind. »Ich steuere 10 Mitarbeiter«, sagen sie auch, oder ganz stolz: »20 Mitarbeiter berichten an mich.«

Change-Projekte werden topdown auf die »unteren Ebenen« »ausgerollt«. Mitarbeitende müssen »ins Boot geholt« werden, damit sie in die vorgegebene Richtung rudern. Steht Neues an, dann müssen die »niederen Chargen« »mitgenommen«, also am Händchen gepackt werden. Ziele und Vorgaben werden »heruntergebrochen«. Jedes noch so kleine Vorhaben muss »abgesegnet« und jeder Handgriff »reportet« werden. Leute, denkt doch mal nach:

- Von »aufgehängten« Mitarbeitern bekommt man gar nichts. Die sind nämlich tot.
- Wird über Mitarbeitende was »ausgerollt«, sind die platt, also bewegungsunfähig.
- Wer »mitgenommen« wird, geht nicht voran, sondern läuft passiv hinterher.
- Der, auf den etwas »heruntergebrochen« wird, fühlt sich ziemlich beschmutzt.
- Etwas »absegnen« lassen müssen heißt: Unterwerfung vor einer höheren Macht.

Am Begriff »Hauptverwaltung« ist sofort zu erkennen, womit man sich dort befasst: hauptsächlich mit Verwalten. Da, wo es C-Levels gibt, hält man, so scheint es, wohl gern an einem militärischen Hintergrund fest. Denn Chief Officer heißt Chef-Offizier, und ein Offizier braucht Soldaten. So manifestiert sich ein System aus Hoch- und Niederstatus, und dies wiederum zeigt, in welchem geistigen Haus eine Führungskraft tatsächlich wohnt.

Das ist nur so dahingesagt? Wir konstruieren unsere Welt durch Sprache. Worte prägen nicht nur Denkweisen, sondern auch Verhalten. Zudem multipliziert sich der Tenor solch herablassender Rede und verbreitet ein Klima der Angst. Wie praktisch, wenn alle spuren? Vor einer Masse verängstigter Menschen sollte man sich regelrecht fürchten. Sie rennen davon, erstarren in Zögerlichkeit – oder gehen auf die Barrikaden.

#14 Reverse Mentoring: So kann der Senior vom Junior lernen

Kennt ihr Sir James Dyson? Der Brite hat den Staubsauger neu erfunden. Die kabellosen Geräte, nicht gerade billig, sind Kassenschlager, und das aus vielerlei Gründen. Sie besitzen eine äußerst leistungsstarke neuartige Saugtechnologie, die keine Beutel braucht. Sie haben eine durchsichtige Kammer, sodass ihr dem Luftwirbel bei der Arbeit zuschauen könnt. Sie sind formschön und bunt. Selfmade-Milliardär Dyson meint, seine Firma sei vor allem deshalb so erfolgreich, weil Dyson-Produkte von Berufseinsteigern und frischgebackenen Hochschulabsolventen entwickelt und konstruiert werden. »Wir tun dies vor allem deshalb, weil sie gewissermaßen unverdorben sind. Sie wurden noch nicht von einem Unternehmen zurechtgestutzt.«[27]

Natürlich gibt es jede Menge Ältere, die sind nicht nur jung im Kopf, sondern auch digital topfit. Und es gibt reichlich Junge, da ist es genau umgekehrt. In aller Regel aber gilt: Die talentierten Vertreter der Nachwuchsgeneration sind für Erneuerungsprozesse geradezu prädestiniert. Sie leben anders, sie arbeiten anders, sie lernen anders, sie konsumieren auch anders. Mit ständiger Veränderung umzugehen, darin sind sie erprobt. Sie lieben Optionen – und haben immer einen Plan B oder C oder D.

Diese Altersgruppe, ab 1985 geboren und unter dem Begriff Millennials (Gen Y und Gen Z)[28] subsumiert, bestimmt unsere Zukunft – und auch den Handlungsspielraum, den die Anbieter darin haben. Sie ist die am besten ausgebildete Generation, die es je gab. Mit hohem Tempo, digitaler Kernkompetenz und einem Riecher für Innovationen treibt sie neue Geschäftsmodelle voran. Der Wandel, den sie technologisch und kulturell längst in Gang gesetzt hat, kann als der größte aller Zeiten gelten.

© Anne M. Schüller

Mehr als jemals zuvor kann die junge Generation dem klassischen Management helfen, eine geistige, strukturelle und digitale Verjüngung der Organisation einzuleiten. Das Reverse Mentoring ist hierzu ein wirksames Mittel: Dabei coacht der Junior den Senior auf solchen Themengebieten, die Jung besser beherrscht als Alt.

Die Ziele des Reverse Mentoring:[29] die digitale Fitness im Unternehmen erhöhen, altgewohnte Kommunikations- und Arbeitsweisen an die Erfordernisse der Zukunft anpassen sowie ältere Kollegen, Führungskräfte und das Topmanagement mit der Lebenswelt der Millennials vertraut machen. Die Grundvoraussetzungen, damit das prima klappt: Es darf keine Konkurrenzsituation und keine hierarchische Abhängigkeit bestehen. Zuverlässigkeit, Integrität, Offenheit und Ehrlichkeit sind ein Muss. Zudem braucht es Freiwilligkeit auf beiden Seiten. Und absolute Diskretion. Die Akteure müssen menschlich zueinander passen und Vertrauen zueinander sowie Respekt füreinander haben. Sie betrachten sich als gleichwertig und begegnen sich auf Augenhöhe.

Das Reverse Mentoring bringt Vorteile für alle Beteiligten

Das Reverse Mentoring eignet sich sowohl für Konzerne als auch für KMU. Letztere stehen genauso wie die Großen vor den vielfältigen Herausforderungen durch die digitale Transformation. Die Vorteile für alle Beteiligten sind beträchtlich:

>> **Der Mehrwert fürs Unternehmen:** In den meisten Organisationen gibt es einen anhaltenden Lernbedarf für digitale Nachzügler. Das hat mit persönlichem Desinteresse, aber auch mit der rasanten Entwicklung der Digitalwirtschaft und den knappen Zeitbudgets in den oberen Etagen zu tun. Der Dialog zwischen Jung und Alt über Generationen und Hierarchien hinweg kann die Unternehmenskultur insgesamt befruchten und das Verständnis füreinander verbessern. Der Wissenstransfer wird optimiert und die Lernpyramide auch mal auf den Kopf gestellt. Zudem wird eine größere Aufgeschlossenheit für Zukunftsthemen erreicht. Der digitale IQ wird im gesamten Unternehmen

gesteigert. Werden auch Ehemalige in das Programm involviert, finden diese womöglich den Weg zurück. Schließlich kann das Reverse Mentoring ein Alleinstellungsmerkmal für das Employer Branding sein und sollte deshalb aktiv vermarktet werden.

>> **Der Mehrwert für den Mentor:** Die Mentoren werden vor allem aus dem Kreis der Auszubildenden, Berufseinsteiger und High Potentials rekrutiert. Sie erfahren durch ihren Einsatz hohe Wertschätzung. Zudem bekommen sie Sichtbarkeit im Unternehmen, verbreitern ihre fachlichen und zwischenmenschlichen Kompetenzen, erweitern ihr persönliches Netzwerk, gewinnen direkten Zugang zur Unternehmensspitze und pushen damit auch ihren Karriereweg. Sie erlangen Verständnis für die andere Seite und Respekt vor dem, was in früheren Jahren unter ganz anderen Umständen geschaffen wurde. Ferner erhalten sie detaillierte Einblicke in das klassische Management. Zudem sammeln sie während ihrer Mentorentätigkeit einen Erfahrungsschatz, der für jede Art von Projekt- und Führungsarbeit von Nutzen sein kann.

>> **Der Mehrwert für den Mentee:** Natürlich kann man private Internetnutzungsfragen mit den eigenen Kindern besprechen, wenn diese im passenden Alter sind – und sich den Eltern gegenüber offenbaren. Im Reverse Mentoring hingegen geht es vor allem um den betrieblichen Kontext. Es ist ein sanftes Programm, das im Vergleich zu Weiterbildungskonzepten alten Stils viele Vorteile bietet. So können unter vier Augen auch solche Fragen zur Sprache kommen, die man in einer Trainingssituation vor versammelter Mannschaft nie stellen würde, um sich keine Blöße zu geben. Zudem kann die digitale Medienkompetenz individuell und punktuell verbessert werden. Etwaige Technologieblockaden, die oft auf Unsicherheit basieren, können gelöst, Veränderungsängste abgebaut, festgefahrene Mindsets gelockert und Generationenvorurteile beseitigt werden. Der Mentee kann von der unverstellten Wahrnehmung der jungen Kollegen profitieren und neue Sichtweisen gewinnen. Schließlich kann es auch darum gehen, wie die Millennials geführt werden wollen, wodurch man eigene Leadership-Kompetenzen erhöht.

Jungbrunnen, Kulturbefruchter und Zukunftsmacher

Das klassische Mentoring entspringt der alten Top-down-Denke. Es impliziert ein ungleiches Gönner-Schützling-Verhältnis, Protegé werden die Mentees dort oft auch genannt. Das Reverse Mentoring hingegen entspricht dem Sharing-Ansatz von Geben und Nehmen, bei dem am Ende beide Seiten profitieren. Denn im Idealfall kann sich ein Tandempaar gegenseitig coachen, also gleichzeitig voneinander und miteinander lernen. Junges Wissen und wertvolle Managementerfahrungen werden dabei getauscht. Solche Perspektivwechsel schärfen den Blick für alternative Lösungsmodelle, erweitern den Horizont und sorgen für eine Verjüngung von Denken und Tun. Kollektives Wissen wird angezapft, bereichert, professionalisiert und freigiebig weitergereicht.

Darüber hinaus wird das gegenseitige Verstehen gefördert. Denn so, wie es den »Alten« oft schwerfällt, sich in die junge Welt hineinzudenken, so fällt es den Juniors mitunter nicht leicht, zu verstehen, warum die Seniors so ticken, wie sie es tun. »Jungspunde« neigen ja allgemein eher dazu, alles anders zu machen, quasi das Rad neu zu erfinden und die nützlichen »alten Weisheiten« einfach zu ignorieren. So führt mangelnde Wertschätzung für das Lebenswerk früherer Generationen nicht selten zu Unverständnis und Zwist. Allerdings sind die Young Professionals ausgesprochen lernbereit, wie meine Erfahrung zeigt. Insofern sind sie auch an klassischem Mentoring interessiert.

So werden Einführung und Umsetzung zum Erfolg

Das Reverse Mentoring ist ein hervorragendes Tool, um eine lernende Organisation aufzubauen. Dabei nutzt ihr vorhandenes Wissen, ganz egal, wo es herkommt. Folgende sechs Punkte sind für eine erfolgreiche Umsetzung essenziell:

>> **Das Matching:** Ein Mentoring-Tandem sollte abteilungs- und hierarchieübergreifend zusammengesetzt sein. In größeren Unternehmen übernimmt meist eine koordinierende Stelle, etwa die Personalentwicklung, das Matching. Dazu könnt ihr zum Beispiel Speed Datings durchführen. Wie bei der Partnersuche gilt es dabei herauszufinden, ob man zusammenpasst. Die Teilnehmer:innen lernen sich in einem fünfminütigen Gespräch kennen. Danach wechseln sie Tisch für Tisch zum jeweils nächsten potenziellen Partner. Am Ende ziehen alle Bilanz und entscheiden, mit wem aus der Runde sie das Reverse Mentoring durchführen möchten.

>> **Die Themen:** Die Tandems bestimmen Schwerpunkte, Umfang und Frequenz der Treffen selbst. Neben dem konkreten Umgang mit vernetzter Software, mit Apps, mit sozialen Netzwerken, dem Web und neuen Technologien kann es auch um die Einstellung und Haltung der jungen Generation im Allgemeinen gehen. Ferner können Arbeitswelt und Lebensweise der Millennials sowie Zeitgeist und angesagte Trends zur Sprache kommen. Schließlich können spezifische Themen wie eine verbesserte Talentsuche, zeitgemäße Kollaborationstools, digitale Workflow-Konzepte und aktuelle Facetten des Online-Marketings besprochen werden.

>> **Professionalität:** Der Mentor braucht nicht nur fachliche Expertise, sondern auch Verständnis, Einfühlungsvermögen, Kommunikationstalent und diplomatisches Geschick. Er muss gut erklären können, seinen Mentee-Partner vor allem aber selbst machen lassen, wenn es um digitale Anwendungen geht. Da der Mentor in aller Regel jung ist, ist ein Vorabtraining in Sachen Mentoring-Methodik überaus sinnvoll. Dieses kann von einem erfahrenen Mentor gegeben werden. Bei größeren Programmen bieten sich dazu auch gemeinsame Workshops an.

>> **Hochrangige Mentees gewinnen:** Damit das Programm intern angenommen wird, braucht es Popularität. Stellt sich als Erstes ein Mitglied der Geschäftsleitung als Mentee zur Verfügung, folgen dem sehr wahrscheinlich auch andere Führungskräfte. So wurden bei der Bank Austria in der ersten Programmrunde den acht Vorständen der Bank acht Millennials zugeordnet. In der zweiten Runde kamen 30 Manager der zweiten und dritten Führungsebene mit jungen Mitarbeitenden zusammen, die zu dem Zeitpunkt nicht älter als 35 Jahre waren. Diese gehörten entweder dem Talentpool der Bank an oder nahmen an dessen Graduate-Programm teil.

>> **Die Einstellung der Mentees:** Der Mentee benötigt nicht nur ein starkes Interesse an den dargebotenen Themen, sondern auch persönliche Souveränität. Psychologische Barrieren sind nicht zu unterschätzen. Sich von einem Jüngeren etwas sagen zu lassen, ist nicht immer ganz leicht. Generationenkonflikte haben viele Facetten, die teils auch durch reine Biochemie erklärt werden können. So gibt es den Vater-Sohn-Komplex, der auch bei der Unternehmensnachfolge eine Rolle spielt. Findet das Reverse Mentoring geschlechterübergreifend statt, ist zu beachten: Für ein ausgeprägtes Alphahirn sind jüngere Frauen vor allem eins: Beute oder Beta. Das muss im Rahmen der Mentee-Vorbereitung, auch wenn bisweilen unangenehm, klipp

und klar angesprochen werden, damit das Programm nicht unglücklich verrutscht.

>> **Das Procedere:** Das Programm kann zeitlich unlimitiert oder als fest umrissenes Projekt laufen. Der organisatorische Aufwand umfasst die Konzeption als solche, die Erstellung eines Leitfadens, die Durchführung interner Marketingmaßnahmen, die Auswahl und Qualifizierung geeigneter Mentoren, die Akquise und Sensibilisierung der Mentees, Kick-off-Veranstaltungen, Follow-ups, das Messen und die Dokumentation der Erfolge sowie das Streuen von Erfolgsgeschichten in internen und externen Medien. Zudem macht eine Mentoren-Community Sinn, um das Ganze auf Dauer am Laufen zu halten.

TEIL 3

FUTURE FITNESS

11 Initiativen,
um die Innovationskraft
im Unternehmen zu erhöhen,
ins Übermorgen zu starten
und zu einem Überflieger
der Wirtschaft zu werden

#15 Wie ihr »heilige Kühe« mit dem »Elefanten im Raum« vertreibt

Sicher habt ihr schon mal eines gesehen: ein übliches Top-down-Organigramm. Es ist derart Standard, dass man es, scheinbar alternativlos, in klassischen Organisationen quasi überall findet. Und dieses Bild sagt mehr als tausend beteuernde Worte: Der Chef thront ganz oben, darunter, in Kästchen eingesperrt, seine brave Gefolgschaft. Mitarbeiter und Kunden kommen *nicht* darin vor. Die Oberen beschäftigen sich rein mit sich selbst. Vor allem wird dokumentiert, wer wem vorgesetzt und wer wem untergeben ist. Die Kommunikation läuft über hierarchische Berichtslinien von oben nach unten und wieder zurück. Ein diszipliniertes Abarbeiten rigider Planvorgaben ist üblich. Ganze Abteilungen sind dazu da, andere zu kontrollieren.

Fortschrittliche Unternehmen hingegen schaffen eine Kultur, die sich adaptiv und dynamisch auf die Turbulenzen unserer Hochgeschwindigkeitszukunft einstellen kann. Dies verlangt von einem traditionellen Management, alle derzeitigen Strategien, Machtstrukturen, Mindsets und die damit verbundenen Vorgehensweisen endlich auf den Prüfstand zu stellen. Denn die wahren Bremser, das sind sie meist selbst.

»Elephant in the Room« ist eine gute Methode, um Blockaden in Angriff zu nehmen. Warum Elefant? Weil es um etwas wirklich Großes geht: ein offensichtliches Problem, das dick und breit im Raum steht und den Zugang zu einer besseren Zukunft versperrt. Es ist unübersehbar, doch alle tun so, als wäre es gar nicht da. Und genau darüber sollte diskutiert werden. Am besten in einem Workshop.

Wie ihr einen »Elephant in the Room«-Workshop initiiert

Im Mittelpunkt eines solchen Workshops steht folgende Frage:

> Wenn es um unsere unternehmerische Zukunft geht, was sind die **wahren** Blockaden, über die zwar offiziell niemand spricht, worüber wir aber unbedingt reden sollten?

Initiiert wird dieser Prozess von jemandem aus dem Top-Management. Arbeitet unbedingt mit einem / einer Moderator:in. Startet am besten mit einer »Sicherheitsfrage«. Zeichnet dazu eine Elfer-Skala auf eine Pinnwand und fragt die Anwesenden so: »Auf dieser Skala von null bis zehn: Wie frei denkst du, in der Runde reden zu können?«

Abb. 11: Eine Elfer-Skala mit Sicherheitsfrage

Im Allgemeinen favorisiere ich eine verdeckte Bewertung. Gruppenzwänge sind oft hoch. Man will sich mit seiner Meinung nicht isolieren. Die Gefahr, dass erwünschtes Verhalten gezeigt wird und genehme Antworten kommen, ist damit groß. Die Pinnwand mit der Skala wird also am besten umgedreht, sodass die Teilnehmer:innen ihre Bewertung anonym geben können. Damit jeder unbeeinflusst von anderen bleibt, schreibt er / sie die Zahl auf einen Klebepunkt, bevor er / sie hinter die Pinnwand tritt. Liegen Punkte unter sieben, wird das zunächst diskutiert. Und Achtung: Führungskräfte geben in aller Regel eine *zu* gute Wertung. Bei einem interhierarchischen Workshop sollten sie deshalb ihre Punkte einkreisen, damit man das sieht.

Wenn die Unternehmens- und Kommunikationskultur bereits offen und vertrauensvoll ist, könnt ihr eine überaus wirkungsvolle Variante wählen: Holt die Elfer-Skala physisch in den Raum, indem ihr sie auf den Fußboden malt. Die Teilnehmenden sollen sich zu der jeweiligen Nummer begeben. Dann stellt ihr ihnen folgende Fragen:

- Möchtest du den anderen etwas zu deinem Standpunkt sagen?
- Möchtest du jemanden im Raum etwas zu dessen Standpunkt fragen?

Ein Etappenziel des Workshops ist dann erreicht, wenn sich am Ende alle trauen, Dinge, die sie für eine »heilige Kuh« halten, tatsächlich offen anzusprechen. Und das sollte immer positiv aufgenommen werden, vor allem von den »Haltern der Kühe«. Achtung auch: Nicht jede »heilige Kuh« sieht für jeden gleich groß aus. Maximalziel ist, dass es am Ende keine »heiligen Kühe« mehr gibt, und somit Blockaden fortan erst gar nicht entstehen können. Und das Minimalziel? Es ist dann erreicht, wenn man zumindest sagen kann: »Schön, dass wir uns entschieden haben, das endlich zu thematisieren.«

Typische Einsatzgebiete für den »Elefanten im Raum«

Ganze Industrien haben ein Interesse daran, den Fortschritt zu hemmen, um den Wert des Kapitals zu schützen, das in ihren veralteten Technologien gebunden ist. Sie hüten ausgebrannte Feuerstellen, statt mit erhobener Fackel neues Terrain zu erkunden. Viele Chancen lassen sie ganz einfach deshalb verstreichen, weil das Risiko des Scheiterns besteht. Wer scheitert, setzt seine Karriere aufs Spiel. So hat Bahnbrechendes in etablierten Organisationen sehr schlechte Karten. Doch mit schlechten Karten verliert man ein Spiel. Wer den Status quo einbetoniert, wird aussortiert: von Kunden, die mehr wollen als das, was es gestern schon gab – und von den »jungen Wilden«, die solche Kunden verstehen.

Auch das höre ich oft: »Unser Umsatz brummt. Wir sind voll ausgelastet. Das Geschäftsmodell stimmt. Die Produkte passen. Es geht uns prächtig. Wieso was ändern, wenn's läuft?« Aufwachen, bitte! Genau jetzt wäre es an der Zeit, beherzt den Sprung in die Zukunft zu wagen. Wenn es einem Unternehmen mal nicht mehr so gut geht, hat es dafür keine Zeit. Doch leider: Viele Anbieter optimieren lieber ihre Vergangenheit, statt ganz und gar neu Wege zu gehen. Deren Manager sind keine Gestalter, sondern Verwalter, weil das System, in dem sie Verantwortung tragen, Wagemut nicht belohnt. Sie favorisieren Innovatiönchen im Trippelschrittmodus auf vertrautem Terrain.

Oft fehlt es also an einem echten »Future Mindset«. Darüber hinaus gibt es in nahezu jeder Firma organisationale Probleme, die, wie schon angeklungen, unübersehbar existieren. Doch man spricht über sie nur hinter vorgehaltener Hand: veraltete Geschäftsmodelle, die längst überholten Lieblingsprodukte des Chefs, Regeln und Rituale, die keiner mehr braucht, alphahierarchische Machtstrukturen, unzeitgemäße Entscheidungsverfahren, rückständige Arbeitsstile, antiquierte Führungsmethoden, eine überbordende interne Bürokratie, verfehlte Bonifizierungsstrategien und vieles mehr.

Nach der Sicherheitsfrage und einer kleinen Wirkungspause werden derartige »heilige Kühe« nun abgefragt, priorisiert und diskutiert. Dabei hilft folgende Frage:

> Wie wollen wir fortan zusammenarbeiten, um fit für die Zukunft zu sein?

Die folgende Grafik (von Christina Baldwin und Ann Linnea), an einer Stellwand skizziert, kann die Gedanken in die gemeinsam favorisierte Richtung lenken.

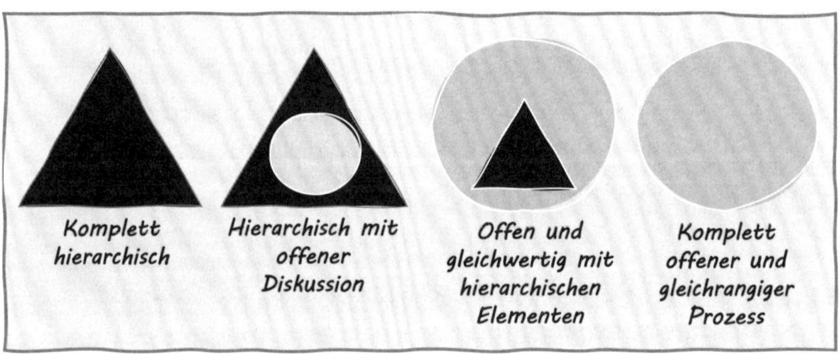

Abb. 12: Organisationale Grundstrukturen: Dreiecke stehen für klassische pyramidale Aufbauformen, Kreise für eine dezentral kollaborierende selbstorganisierte Struktur

So geht ihr emotionale und kognitive »Elefanten« an

Den meisten Menschen gefällt es ungemein, Bestätigung für ihre Denkmuster, Handlungsroutinen und Glaubenssätze zu bekommen. Ferner tendieren wir dazu, Informationen so auszuwählen und zu interpretieren, dass sie den eigenen Erwartungen entsprechen und / oder diese bekräftigen. Manche beharren selbst dann auf ihrer Meinung, wenn neue Informationen diese längst widerlegen. Und bei alldem glauben wir überdies, im Recht und unbeeinflusst zu sein. Insofern gibt es – neben den organisationalen – auch emotionale und kognitive Blockaden.

>> **Emotionale Blockaden:** Emotionale Themen sind heikel. Oft hat man selbst keinen Zugriff auf seine wahren Motive – oder man macht sich und anderen etwas vor. Damit sich das nicht weiter verhärtet, sondern wie gewünscht lockert, ist ein behutsames Vorgehen elementar. Denn was die Menschen im Unternehmen tatsächlich daran hindert, schlüssige Transformationskonzepte anzuschieben, mitzutragen und umzusetzen, ist letztlich Angst:

- Die Angst, geliebte/erprobte Gewohnheiten aufgeben zu müssen.
- Die Angst, bei neuen Themen nicht mehr mithalten zu können.
- Die Angst, als zunehmend inkompetent zu gelten.
- Die Angst, dass mangelndes Wissen und Können auffliegen könnten.
- Die Angst, sein Gesicht zu verlieren oder demontiert zu werden.
- Die Angst vor dem Zeigen vermeintlicher Schwächen.
- Die Angst vor Status-, Macht- und Bedeutungsverlust.
- Die Angst, Pfründe, Privilegien oder seinen Posten zu verlieren.
- Die Angst, niemanden mehr »unter sich« zu haben.
- Die Angst, aufs Abstellgleis zu geraten und nicht mehr dazuzugehören.

Angst ist eine mächtige Triebkraft menschlichen Handelns. Sie ist der größte Leistungs- und Fortschrittskiller. Es lohnt sich, das in einem »Elephant in the Room«-Workshop zu thematisieren.

>> **Kognitive Blockaden:** Beharrungstendenzen entstehen nicht selten, weil verfestigte Mindsets uns hemmen, Neues zu wagen. Mindsets sind Denk- und Handlungsweisen, die auf scheinbar unverrückbaren Glaubenssätzen basieren. Glaubenssätze sind subjektive Bewertungssysteme, die uns sagen, was richtig und falsch ist. Sie bestimmen sowohl die persönlichen als auch die

innerbetrieblichen Vorgehensweisen. Meist passiert das intuitiv, also ohne böse Absicht und ohne sich dessen bewusst zu sein.

Die kognitiven Verzerrungen, die uns in diesem Kontext befallen können, sind zahlreich. Im Englischen spricht man dabei von einem »cognitive bias«. Dies ist ein Sammelbegriff für fehlerhafte Neigungen beim Wahrnehmen, Erinnern, Denken und Urteilen. An die 50 sind dokumentiert. Die wichtigsten habe ich in einem meiner Blogbeiträge beschrieben.[30] Man kann sich mit ihnen in einem Workshop und/oder in einer Selbstreflexion auseinandersetzen.

#16 Macht mit! Klimarettung ist ein Menschheitsprojekt

Arbeitsbedingt bin ich viel unterwegs und übernachte in Hotels. Auf die tägliche Reinigung meines Zimmers verzichte ich gern. Das ist umweltfreundlich und hilft, Kosten zu sparen. Kann man daraus ein Nachhaltigkeitsprojekt machen? Man kann. Im Upstalsboom auf Föhr nennt man es »Lebenswert«. Verzichtet der Gast auf die Zimmerreinigung, werden drei Euro an die lokale Robbenauffangstation gespendet. Ich habe sie besucht. Eine sehr sinnvolle Sache: nicht beliebig, sondern durchdacht, regional eingebettet und überprüfbar. Übrigens haben Azubis der Upstalsboom-Kette das Programm initiiert.

Die junge Generation muss in *der* Zukunft leben, die wir ihr hinterlassen. Und diese Zukunft steht auf dem Spiel. Es gibt immer ausgefeiltere, von Großrechnern unterstützte Klimamodelle, die ausloten und sichtbar machen, wie es unserem Heimatplaneten von nun an ergeht: verheerende Stürme, Wasserknappheit, Wälder in Flammen, Hitzewellen, Missernten, Ödland. Und all das findet nicht irgendwann, irgendwo, sondern längst vor unseren Augen statt. Früher konnten die Menschen ausweichen, wenn es ihnen zu heiß wurde, wenn der Boden erschöpft war und das Wild aus den Wäldern verschwand. Zukünftig werden sich immer mehr Menschen in immer weniger habitablen Zonen zusammendrängen. Klimaflüchtlinge werden nicht nur aus Afrika, sondern, wenn der Meeresspiegel weiter steigt, bald auch aus Holland kommen.

»Die Welt ist ein schöner Ort«, schrieb Ernest Hemingway. »Und es lohnt sich, um sie zu kämpfen.« Dafür brauchen wir alle: die Politik, die Wirtschaft, jeden einzelnen Bürger. Noch haben wir es in der Hand, das Schlimmste abzuwenden. Bald läuft uns die Zeit davon. Der größte Fehler ist der, darauf zu warten, dass die Großen mit Großem beginnen. Natürlich kann jeder Anbieter hingehen und sagen: »Schaut, meine Konkurrenz macht es auch nicht besser, und die kommt damit durch.« Ganze Länder können auf ferne Regionen zeigen und warten, bis sich dort etwas tut. Der Klimawandel ist nur in den Griff zu bekommen, wenn jeder vor seiner eigenen Haustür beginnt. Dabei geht es zugleich um Sofortmaßnahmen – und um Weitsicht. Land- und Forstwirtschaft, Infrastrukturen und Städtebau, all das muss auf Jahrzehnte neu geplant werden.

Nicht die vielzitierte Digitalisierung, sondern der Klimawandel ist die größte Herausforderung der Menschheit in den nächsten Dekaden. Klima-Entwicklungen sind *nicht* linear, sie sind exponentiell. Zudem gibt es den Kipppunkt-Effekt. Ist ein Kipppunkt überschritten, siehe das Schmelzen von Gletschern und Permafrostböden, ist die Entwicklung weder aufzuhalten noch umkehrbar. Das wiederum erzeugt, weil alles mit allem zusammenhängt, Kettenreaktionen von verheerendem Ausmaß. Die Natur weiter zerstören, »weil wir doch Drohnenbienen bauen können«? Keine Option. Pflanzen und Tiere sorgen für *die* Energie, die Menschen zum Leben brauchen. Verschwinden sie, dann verschwinden auch wir.

Okay, das reicht in diesem Kontext. Wer tiefer ins Thema einsteigen will, findet im Web eine Menge Daten und Fakten – und im Anhang einige Literaturtipps. Für uns geht's jetzt ans Tun.

Jetzt seid ihr dran! Jeder von uns kann etwas tun

»Kauf keinen Scheiß bei scheiß Unternehmen«, schreibt der Purpose-Unternehmer Waldemar Zeiler in *Unfuck the Economy*.[31] Immer mehr Menschen kaufen gezielt weniger ein – und nur noch dort, wo man fair und nachhaltig agiert. Wir shoppen uns sonst den Planeten kaputt. Jeder von uns kann entscheiden, welche Art Anbieter und welche Art Wirtschaft er mit seinen Geldscheinen, sprich Stimmzetteln, unterstützt – und ökologisch bewussten, ressourcenschonenden »gutem Konsum« favorisieren. Wer hierbei regionale Produkte und lokale Hersteller wählt, sorgt zudem dafür, dass die Steuern im eigenen Landkreis bleiben und dort Wertvolles bewirken. Außerdem, ganz wichtig: Nachfrage ist die einzige Macht, die ein Anbieter nie ignoriert.

Als Kunde, Arbeitnehmer, Partner, Investor und Anleger kann, soll und muss sich jeder und jede fragen, ob er / sie mit Unternehmen zusammenarbeiten will, die

- unseren Planeten plündern, Wälder und Ackerland vorsätzlich verwüsten, den Lebensraum und die Existenzgrundlage ganzer Völker zerstören,
- Menschenrechte verletzen, weil sie selbst oder ihre Zulieferer die Ärmsten der Armen unter kriminellen Bedingungen arbeiten lassen,
- Hilfsbedürftige ausbeuten, Steuern hinterziehen und / oder sich Subventionen erschleichen, um Schlechtes billig zu machen.

Wir haben die Wahl. Denn ja, es gibt sie, die Unternehmen, die sich längst auf den Weg gemacht haben in eine faire und nachhaltige Zukunft. Und es werden immer mehr.

Startet niederschwellig, im Kleinen, mit Quick Wins

Ein klimafreundliches, nachhaltiges und zugleich sozialverträgliches Handeln betrifft alle im Unternehmen, das lässt sich nicht in eine Abteilung wegdelegieren. Zumal die in alten Zeiten aufgebauten Corporate-Social-Responsibility-Units (CSR) vielfach, sorry, zahnlose Tiger sind. Vor ihren Augen werden wie eh und je Externalitäten erzeugt. So manches Unternehmen ist auch heute noch nur aus diesem Grund hochprofitabel.

Wer Externalitäten erzeugt, wirtschaftet zulasten Dritter oder schadet der Umwelt, ohne das zu kompensieren. So macht der Schweinebaron sein Geschäft auf Kosten leidender Tiere in Kastenständen. Der Lebensmittelkonzern lässt ganze Urwälder roden, um billig an Palmöl zu kommen. Der Bekleidungsriese macht Profit auf dem Rücken der Allerärmsten in Fernost. Ganze Industrien verfrachten die schmutzigsten und ausbeuterischsten Formen der Produktion in mittellose Länder –

genauso wie toxischen Müll, damit der dort verrottet. Weitläufig werden Kosten für Umweltschäden nicht den Verursachern zugerechnet, sondern sind von der öffentlichen Hand zu berappen. Das bedeutet: Die Gewinne werden privatisiert und kommen nur einigen wenigen zugute, die Schäden hingegen werden vergesellschaftet, ungeniert auf die Unterprivilegierten abgewälzt, in den globalen Süden verschoben und zulasten künftiger Generationen in die Zukunft verlagert. Doch damit kommen die Unternehmen immer weniger durch. Vor allem der Druck der jungen Generation wird dabei weiter steigen.

Jeder kann sich zu einem Beschützer von Klima und Umwelt machen. Startet niederschwellig und mit Quick Wins, dann sind die ersten Erfolge schnell da. Die besten Ideen kommen meist aus der Mitte des Unternehmens. Setzt euch interdisziplinär mit allen an Umwelt und Nachhaltigkeit interessierten Kollegen zusammen und geht systematisch die internen Bereiche durch, um passende Initiativen anzuschieben. Die Grundausrichtung: vermeiden, reduzieren, eliminieren. Kompensiert wird nur, was man selbst nicht steuern kann – und frühere Nachhaltigkeitssünden. Es gibt hunderte Ansatzpunkte, wie ein Unternehmen grüner, ökologischer, klimafreundlicher werden kann. Die Tabelle zeigt einige Hebel.

Nachhaltigkeitsmaßnahmen

Maßnahmen	Bereich 1	Bereich 2	Bereich 3	Bereich 4	Bereich 5
Nutzung Ökostrom					
Ökostromerzeugung					
Öko-Hosting der IT					
Dienstreisen/Pendeln					
Fuhrpark/Fahrräder					
Elektrogeräte recyceln					
Papierlosere Büros					
Bio in Kantine/Bistro					
Müllreduktion/-trennung					
Begrünungsanlagen					
Energiesparsysteme/LED					
Wärme und Heizung					
Minimierung von Plastik					
Lieferanten/Lieferketten					
Verpackungen/Logistik					
Nachhaltiges Banking					
Nachhaltiger Aus-/Neubau					

Abb. 13: Ausgewählte Ansatzpunkte für mehr Nachhaltigkeit und Klimaschutz

Am besten formt ihr eine crossfunktional agierende, interhierarchisch aufgestellte Nachhaltigkeits-, Umwelt- und Klima-Taskforce. Sie braucht einen klangvollen Namen, vor allem aber Ressourcen und Umsetzungsmacht. Vernetzt euch mit Nachhaltigkeitsgleichgesinnten, bildet euch weiter, lasst euch von externen Experten beraten. Geht die Maßnahmen, die dann beschlossen werden, positiv an und stellt den Zugewinn heraus, auch den emotionalen. Von Einschränkungen fühlen sich die Menschen bedroht. Hingegen kann die Hoffnung auf ein besseres Nachher Gefühlen von Angst und Ohnmacht entgegenwirken und zu entschlossenem Handeln führen. Ein wunderbarer Nebeneffekt: Wer unerlässliche Initiativen selbst entwickelt und dann in die Tat umsetzt, kommt sogar mit Einschnitten besser zurecht.

Ein interessantes Konzept ist das Nudging (Richard H. Thaler), smarte Anstöße zum Bessermachen. Wird beispielsweise die Tellergröße am Buffet reduziert, beugt das der Lebensmittelverschwendung vor. Werden auf einer Speisekarte zuoberst die vegetarischen Gerichte gelistet, wird öfter fleischlos bestellt. Werden im öffentlichen Verkehr die Radwege rot markiert, parkt man sie seltener zu. In Stockholm wurden die Treppenstufen einer U-Bahn-Station zu einem »Piano«. Kontakte erzeugten Töne, wenn man darauf trat. Ging man die Stufen rauf- und runter, erklang eine Melodie.[32] Die Supermarktkette Penny gab in einer Berliner Filiale bei einigen Produkten neben dem tatsächlichen Verkaufspreis auch den »wahren« Preis an, wie viel man also bezahlen müsste, würden die Hersteller die externalisierten ökologischen und sozialen Kosten einberechnen: zum Beispiel 7,62 statt 2,79 Euro für 500 Gramm gemischtes Hack.[33]

Nachhaltigkeit braucht Weitsicht und Strategie

Natürlich soll und muss sich ein Unternehmen auch im Großen Gedanken machen,

- wie sich der Klimawandel auf seine Arbeit auswirken wird,
- wie es klimaneutraler und nachhaltiger werden kann,
- wie es zu mehr Sozialverträglichkeit beitragen will.

Betriebsstörungen durch Wetterextreme, Materialknappheit, Lieferengpässe, Produktionsausfälle, all das wird zur Normalität. Vielleicht bekommen wir schon bald die ersten klimatisch bedingten Lockdowns. Bereits heute ist jedenfalls klar: Unsere Werkhallen, Bürogebäude, Straßen, Eisenbahntrassen, Deiche, die Kanalisation, Energieversorgungseinrichtungen und der Katastrophenschutz sind für das, was da auf uns zukommt, nicht gemacht. Was könnt ihr hier vorausschauend in die Wege leiten?

Klimazerstörende Technologien werden fortan verboten. Subventionen gehen nur noch an die, die Ressourcen schonen – nicht mehr an die, die sie vernichten. Für Schäden, die sie der Umwelt und den Menschen zufügen, werden die Verursacher haftbar gemacht. Externalisierte Kosten werden den Unternehmen angelastet und bepreist. Es ist ja doch wohl paradox: Was ökologisch sinnvoll ist, ist teuer. Was hingegen die Umwelt kaputt und uns krank macht, ist billig. Genau umgekehrt muss es sein. Das kann weit mehr Menschen auf der Welt ein besseres Leben ermöglichen, als sie es heute haben.

Und das wiederum kann nur im Interesse der Unternehmen sein. Handeln wir nicht, werden sich viele das Klima, das wir in Zukunft haben, nicht mehr leisten können. Infolgedessen wird den Anbietern eine Menge Kaufkraft entgehen. Zudem werden Unruhen entstehen, denn Kluften schaffen Konflikte. Auf dem Weg in die Zukunft sind eine stabile Gesellschaft und sozialer Frieden die weit bessere Wahl.

Strategisch ergeben sich unter anderem diese Handlungsfelder:

>> **Externalitäten eliminieren:** Hat sich ein Unternehmen bislang auf Kosten des Gemeinwohls bereichert, die Natur maßgeblich zerstört, Menschen wissentlich ausgebeutet, Fördermittel missbraucht, Steuern hinterzogen etc., stoppt man das besser sofort. Die Transparenz ist inzwischen so groß, dass unethisches Verhalten einen teuer zu stehen kommt. Selbst »Leichen«, die vor Jahren verbuddelt wurden, kommen auf den Seziertisch der Öffentlichkeit. Und der Empörungswille ist bisweilen gewaltig. Übrigens haben auch Digitalkonzerne Handlungsbedarf. Sie betreiben Raubbau an den Daten der Menschen. Und sie haben neue Externalitäten erzeugt: Hasspostings, Fake News, Gewaltverherrlichung, Kinderpornografie, Hackerangriffe, Wahlbetrug, Cybermobbing, Cyberverbrechen. Das ist ihre Art von »Umweltverschmutzung«.

>> **In Kreislaufwirtschaft investieren:** Im Gegensatz zum geläufigen linearen Wirtschaftssystem (Rohstoffe abbauen, Produkte herstellen, distribuieren, konsumieren, dann entsorgen) werden in einer Circular Economy Produkte möglichst lange in einem Verwendungskreislauf gehalten. Sie werden aufgefrischt, repariert, recycelt, wiederaufbereitet. Dazu gehört auch Second Hand – weit über Kleidung hinaus. Zum Beispiel erwirbt Kuka alte Roboter von Kunden zurück und gibt sie generalüberholt weiter. Solches Vorgehen löst die Probleme der Rohstoffknappheit, es reduziert toxischen Elektroschrott, dezimiert Müllberge in aller Welt, wirkt der Plastikverseuchung der Meere entgegen, bremst die Ressourcenverschwendung und verringert klimaschädliche Emissionen. Im Kern geht es darum, nur noch Produkte herzustellen, die sich am Ende ihres Lebenszyklus komplett zerlegen lassen und deren Komponenten modular weiterverwertet werden können. Frage: Wie kann eine solche Kreislaufwirtschaft bei euch in Gang gesetzt, unterstützt oder ausgebaut werden?

>> **Langlebigkeit favorisieren:** Die Weckwerfmentalität geht ihrem Ende entgegen. Mieten statt Kaufen, Teilen statt Besitzen und »Pay per Use« sind neue Megatrends. »Ein eigenes Auto, wieso? Wenn ich eins brauche, hol ich mir's von der Straße«, sagt der eine. Und eine andere (schon bald): »Hey car, sei um 17 Uhr wieder hier, und bis dahin geh Geld verdienen.« Jenseits des Nötigen erwerben immer mehr Menschen Neues nicht mehr aus Statusgründen, sondern nur noch dann, wenn es unverzichtbar ist und/oder Hyperrelevanz für sie hat. Teilen stärkt die Gemeinschaft und baut Sozialkapital auf. Je mehr man Dinge miteinander verwendet, desto mehr erhöht sich der Wohlstand für alle. Doch Produkte, die geteilt werden sollen, müssen hochwertig, langlebig und reparierbar sein. Solche, die frühzeitig altern, rasch verschleißen oder kurz nach Ablauf der Garantie ihren Geist aufgeben (das nennt man geplante Obsoleszenz), fallen von nun an durch den Rost. Was schnell kaputtgeht, ist in einer Sharing-Gesellschaft nicht attraktiv. Und wenn etwas repariert werden muss, sollte das mit Ersatzteilen aus dem 3-D-Drucker zunehmend einfach möglich sein.

Ein Extra-Tipp: Macht alles, was ihr zum Thema Nachhaltigkeit anpackt, sichtbar, sowohl intern als auch extern. Dreht Videos, verfasst Storys, zeigt nachvollziehbar, offen, ehrlich und heiter, was ihr für Umwelt und Klimaschutz tut. So werden sich sensibilisierte Konsumenten und Top-Talente gezielt für eure Firma entscheiden.

#17 Digitalisierung ist Pflicht: Also, keine Angst vor KI & Co.

Vor ein paar Jahren, als die ersten 3D-Drucker aufkamen, wollte ich vom Chef eines namhaften Fertighausherstellers wissen, was er von der Sache hält und wie sich das auf seine Branche wohl auswirken könnte. Er hatte nur Spott für die neue Technologie übrig. Beim Hausbau funktioniere das nicht, war er felsenfest überzeugt. Doch siehe da: Längst werden 3D-gedruckte Villen und Mehrfamilienhäuser munter bewohnt.

Ja, Menschen, humanoide Roboter und künstliche Intelligenzen bewegen sich mit atemberaubendem Tempo aufeinander zu. Vom Metaversum, der kompletten Verschmelzung der realen mit der virtuellen Welt, spricht man bereits. Nie wieder wird der Wandel so gemächlich voranschreiten wie heute. Quantencomputer werden das Tempo weiter erhöhen. Sie sind Millionen Mal schneller als moderne Superrechner. Das Bonmot vom Quantensprung wird Realität. Wir werden Technologien sehen, die alles bisher Erlebte in den Schatten stellen. Die Kombination digitaler Möglichkeiten wird zu Innovationen führen, von denen wir heute noch gar keine Vorstellung haben. Und sie werden nicht erst im nächsten Jahrhundert kommen, sondern in ein, zwei Dekaden. Die entscheidende Frage: Wie gehen wir damit um?

In westlichen Kulturen werden künstliche Intelligenzen und Roboter meist als Bedrohung gesehen, die eines Tages womöglich die Menschheit vernichten, ein Glaube, an dem die US-amerikanische Filmindustrie nicht ganz unschuldig ist. In asiatischen Kulturen hingegen gelten Roboter als etwas Gutes. Deshalb kommen sie dort auch so niedlich daher. In humanoider Form sind sie viel kleiner als wir, um uns keine Angst zu machen. Und ihre Gesichter entsprechen dem Kindchenschema. Das macht sie nahbar und erleichtert den Zugang, ein Umstand, der die fernöstliche Wirtschaft boomen lässt.

Westliche Roboter hingegen sehen meist wie Erwachsene aus. Wir gehen mit ihnen auf Konfrontation und übertragen unsere Furcht vor ihnen auf jede Art von KI. Natürlich braucht es den wachen Blick auf die nicht wegdiskutierbaren Gefahren. Doch statt vor dystopischen Endzeitszenarien zu erstarren, sollten wir uns besser konstruktiv darauf konzentrieren, was KI & Co. jetzt und in naher Zukunft für uns tun können. Und statt über einen etwaigen Verlust von Arbeitsplätzen zu lamentieren, sollten wir uns für die Berufe der Zukunft rüsten. Denn was digitalisiert werden kann, wird digitalisiert.

> Nur Unternehmen, die neue Technologien willkommen heißen und lernen, sie gewinnbringend einzusetzen, werden in Zukunft am Markt bestehen.

Was Menschen besser können – und was KI besser kann

Die Industrialisierung revolutionierte die Körperarbeit, die Digitalisierung krempelt nun die Hirnarbeit um. Künstliche Intelligenzen dienen der Unterstützung und Erhöhung unserer eigenen Intelligenz. So wird KI uns nicht ersetzen, sondern *die* werden ersetzt, denen es nicht gelingt, KI & Co. als Assistenten für ihre eigene Intelligenz zu nutzen.

KI kann zigtausend Dinge tun, die im betrieblichen Alltag nützlich sind, die die qualitative Arbeit der Beschäftigten steigern und zu besseren Entscheidungen führen. Sie ist eine Meisterin der Routine und rund um die Uhr für uns da. Menschen hingegen sind genau dann gefragt, wenn frische Herangehensweisen benötigt werden, die man auch mit einer Fülle von Daten nicht berechnen kann. Ideen mit Charakter sozusagen.

Menschen sind Generalisten – und Multitalente. Wir punkten mit Humor, mit Fantasie, Empathie, Intuition, Impulsivität, Spiritualität, mit Kontexterfassung, Fingerspitzengefühl, Improvisationstalent, Verhandlungsgeschick, gesundem Menschenverstand – und mit Liebe. Top ausgeprägt ist bei uns auch die Lust am Sozialen, das, was der Anthropologe Lionel Tiger »Sociopleasure« nennt. Wer es auf solchen

Gebieten zur Könnerschaft bringt und sich zudem beruflich stets weiterentwickelt, ist im Digitalzeitalter vorn.

Künstliche Intelligenzen sind Spezialisten auf einem bestimmten Gebiet. Sie lösen vordefinierte Anwendungsaufgaben. Nachdem sie eine Weile geübt haben, sind sie darin immer besser als der Mensch. Geht es um Schnelligkeit, große Stückzahlen, Informationsberge, Automatisierung, um das Bewältigen repetitiver, fehleranfälliger, anstrengender, schmutziger, ungesunder, gefährlicher Arbeit, liegt KI vorn. Sie lernt irre flott, weil sie riesige Datenmengen verarbeiten und diese miteinander vernetzen kann. Sie braucht höchstens Stunden da, wo Menschen Wochen, Monate, Jahre brauchen.

Selbstlernende Software kann nicht nur von sich aus intelligenter werden, sie ist längst auch kreativ. Manche KI beginnt bereits autonom nach Betätigungsfeldern zu suchen, weil man ihr Belohnungsprogramme eingepflanzt hat. Sie bringt sich selbst etwas bei. Smarte KI kann Geschichten schreiben, Symphonien komponieren, eigene Kunstwerke erschaffen, Emotionen interpretieren, Mitgefühl simulieren. Sie kann sich programmieren und sich replizieren, also selbstständig neue Intelligenzen gebären.

Doch Ethik, Werte, Moral: Das kennt die Technologie nicht. Das muss von den Menschen kommen. Am Anfang jeder Software-Programmierung steht immer ein Mensch. So spiegelt KI unsere Werte. Sie übernimmt das Gute und das Schlechte von uns. In den Händen der Falschen ist sie ein Teufelszeug. »Zivilisationen werden durch ihre Technologien verändert, aber durch ihre Menschlichkeit definiert«, schreibt der global tätige Futurist Gerd Leonhard.[34]

Im Tandem am besten: menschliche und künstliche Intelligenz

Personalisiertes Shoppen boomt. Der Online-Anbieter Outfittery verknüpft dazu, so wie ähnliche Anbieter auch, die Stärken menschlicher und künstlicher Intelligenz. Auf Basis von Informationen, die der Besteller im Vorfeld zur Verfügung stellt, gibt zunächst die KI eine Empfehlung ab, welche Artikel aus dem breiten Sortiment dem Kunden am besten gefallen könnten. Da die KI aber kein Modebewusstsein hat, beschäftigt Outfittery Stylisten, die die finalen Outfits für die Kleiderboxen zusammenstellen.

> Eine gut gemachte künstliche Intelligenz versucht nicht, das menschliche Gehirn zu imitieren. Sie unterstützt uns vielmehr darin, bessere Ergebnisse hervorzubringen. So macht künstliche Intelligenz aus Zahlen, Daten und Informationen Wissen, menschliche Intelligenz gelangt über Wissen, Erfahrungen und Reflexion zu Weisheit (zumindest oft).

Überall rücken Mensch und KI enger zusammen. Als Tandem sind sie sowohl dem Menschen allein als auch der KI allein überlegen. Kernfragen sind also diese:

- Was kann KI besser als Menschen?
- Was können Menschen besser als KI?
- Wann überlassen wir die Arbeit der KI – und wann schreiten wir ein?
- Welche neuartigen Leistungen können Menschen mit KI-Unterstützung erbringen?
- Wie kann es gelingen, das Beste von beidem so miteinander zu verknüpfen, dass es unser Leben, unsere Arbeit und die Welt besser macht?

Um diese Fragen herum werden viele neue Berufsbilder entstehen. Zudem muss KI erst in die Schule gehen, damit sie was kann. Künstliche Co-Worker müssen programmiert, betreut, trainiert und vor Angriffen geschützt werden. Das macht die Arbeit anspruchsvoller. Nur die wenig Qualifizierten arbeiten der KI als Handlanger zu. Sehr gut bezahlt werden hingegen die, die künstliche Intelligenzen zur Hochform auflaufen lassen. Auch diejenigen bleiben gefragt, die mehr können als das, was Software kann.

In vielen Situationen wird der direkte Kundenkontakt nicht mehr gebraucht. Doch *wenn* wir ihn brauchen, dann muss er außergewöhnlich werden. »Sie sprechen jetzt mit einem Menschen« sollte ein Qualitätsmerkmal sein. Es ist eine Zumutung, jemanden mit einem kniffligen Problem oder einer grollenden Reklamation an einen Chatbot weiterzuleiten, der stereotype Fragen stellt und automatisierte Antworten gibt. Wer seine Mitarbeitenden komplett durch Digitaltools ersetzt, riskiert, dass er Kunden verliert. Die menschliche Komponente bleibt auch in Zukunft von hoher Bedeutung.

© Anne M. Schüller

> Gerade weil wir immer mehr von Digitaltools umgeben sind und deren Perfektion zunehmend steigt, verstärkt sich unsere Sehnsucht nach Momenten, in denen es menschelt.

Die Serviceexpertin Sabine Hübner bezeichnet diese als »Menschmomente«. So sagte mir neulich eine junge Dame am Telefon heiter: »Lehnen Sie sich entspannt zurück. Ich werde mich ruckzuck um alles kümmern. Das kriegen wir hin.« Wunderbar!

Zukunft voraus: dem Digitalisierungspotenzial auf der Spur

Wer Digitalisierungspotenzial analysiert, dem geht es nicht um die Digitalisierung per se. Die ist nur Mittel zum Zweck. Der entscheidende Mehrwert besteht darin, dass praktisch jedes Business mit digitaler Unterstützung besser betrieben werden kann. Optimierte Abläufe, spannende Innovationen und attraktivere Geschäftsmodelle sind das Ziel. So werden KI & Co. nicht nur eure Performance am Markt stimulieren, sondern letztlich auch helfen, die drängendsten Menschheitsprobleme zu lösen. Manche sind sogar davon überzeugt: Wenn wir den Planeten überhaupt retten können, dann durch digitale Technologie.

Ihr seid gut aufgestellt? Pah! Die Digitalisierung ist immer schneller als ihr. Verschafft euch quer durchs Unternehmen über alle Bereiche hinweg einen Überblick. Erkundet auf selbstkritische Weise, wo ihr heute steht und was zügig eingeleitet werden muss, um mithilfe dieser Technologien sowie ihrer Vernetzung und Kombination auch in Zukunft am Markt erfolgreich zu sein. Folgende Fragen sind dabei hilfreich:

- Welche Technologien sind oder werden in absehbarer Zeit für uns relevant?
- Welche dieser Technologien nutzen wir bereits? Auf welchem Niveau?
- Wo stehen wir im Vergleich zum Wettbewerb – realistischerweise?
- Wie können wir uns technologisch von anderen abheben?
- Wie macht uns das attraktiv für bestehende und neue Top-Kunden?
- Wie macht uns das attraktiv für neue Top-Mitarbeiter?
- Was müssen wir wann / wie beginnen, um später weit vorne dabei zu sein?
- Wie gelangen wir an das dafür notwendige Know-how?
- Was hat oberste Priorität? Prio 2? Prio 3? Kurzfristig? Mittelfristig?
- Was können wir aus eigener Kraft weiterentwickeln? Wer? Wie?
- Worin brauchen wir externe Unterstützung? Wer? Wie?

Digitalisierungsmaßnahmen

Technologie	Bereich 1	Bereich 2	Bereich 3	Bereich 4	Bereich 5
Mobile/5G					
Social Networks					
E-Commerce/Algorithmen					
Big Data Analytics					
Cloud Computing					
Digitale Assistenten					
Künstliche Intelligenz (KI)					
Automation					
Kommerzielle Drohnen					
Internet of Things (IoT)					
Roboter/CoBots					
Augmented Reality (AR)					
Virtual Reality (VR)					
3D Druck					
Blockchain					
Weltraumtechnologie					
Quantencomputing					

Abb. 14: Übersicht über die großen Digitalisierungstrends

Formt kleine, interdisziplinäre Circles rund um die jeweiligen Themenfelder, die ihr im Auge behalten wollt. Geht gemeinsam auf digitale Lernreisen. Klinkt euch in Experten-Netzwerke ein und diskutiert kräftig mit. Besucht die digitalen Hot Spots der Welt. Lernt von denen, die schon viel weiter sind. Und teilt mit Dritten, was ihr so macht.

Und dann? Startet wie immer mit einem einfachen Projekt, um daraus zu lernen und die gesammelten Erfahrungen in größeren Folgeprojekten zu nutzen. Ihr braucht breite Rückendeckung im Unternehmen und die unbedingte Unterstützung aus dem obersten Stock. Das gesamte Management muss den Willen haben, alles zu digitalisieren, was digitalisiert werden kann. Stellt bei alldem den Nutzen für die Menschen in den Mittelpunkt. Digitale Technologien sollen unser Leben besser und leichter machen.

#18 Future Purpose: So wird ein Anbieter bedeutsam

Irgendwo im chilenischen Teil Patagoniens, ich habe es vor Jahren mit eigenen Augen gesehen: Ein ganzer Landstrich ist komplett verwüstet. Kilometerweit hat ein US-Konzern die Bodenschätze geplündert und zwecks Kapitalisierung außer Landes geschafft. Das ist Raubbau von der miesesten Sorte. Es geht aber auch anders.

»We're in business to save our home planet.« So lautet der Purpose des kalifornischen Outdoor-Ausrüsters Patagonia. Yvon Chouinard, der Gründer, begann sein Geschäft, indem er Haken erfand, die den Fels beim Klettern nicht mehr zerstören. Vor Jahren hat er in der New York Times eine ganzseitige Anzeige geschaltet, auf der stand: »Don't buy this jacket.« Die Produktion jeder Jacke koste Energie und belaste die Umwelt. Man solle sich gut überlegen, ob man wirklich eine neue Jacke braucht. Den Erlösen hat dies nicht geschadet, die Kampagne bekam eine gewaltige positive Resonanz. Dass dies kein PR-Gag war, sondern zur nachhaltigen Gesinnung des Unternehmens gehört, untermauern viele weitere Aktionen. So geht seit 2018 eine »Worn Wear Tour« durch Europa. Im Reisegepäck: Industrienähmaschinen, mit denen das Truck-Team kostenlos Schäden an Outdoor-Klamotten repariert – auch an denen anderer Marken. 2020 startete Patagonia eine Kampagne gegen amerikanische Politiker, die die Klimakrise leugnen. Dazu wurden in Shorts Etiketten mit der Aufschrift »Vote the assholes out« eingenäht. In der schon 2002 von Yvon Chouinard gegründeten Initiative »1 % for the planet« verpflichten sich die teilnehmenden Unternehmen, ein Prozent ihres Umsatzes für den Umweltschutz zu spenden, sozusagen als »Miete für unsere Nutzung des Planeten.«[35]

Die Zeiten von Wachstum auf Teufel komm raus und Maximalrenditen um jeden Preis sind vorbei, weil dies die Lebensgrundlage unseres Heimatplaneten bedroht. Zukunftsfähige Unternehmen entwickeln sich zu Organisationen, die – passend zu ihrem Geschäftszweck – *nachweislich* auch Verantwortung für das Gemeinwohl tragen. Nicht nur die Nachwuchsgeneration ist offen für ökologische und soziale Aspekte, eine ethische Grundhaltung und ein sinnhaftes Tun. Das Thema berührt zunehmend alle. Anbieter, die nicht nur die Probleme des täglichen Lebens lösen, sondern sich auch um die großen Probleme der Menschheit kümmern, erzeugen Kundeninteresse, Arbeitgeberattraktivität, Finanzmittelfluss und Medienrelevanz.

> Aufgeklärte Konsumenten, Toptalente und auch die Gesellschaft erwarten längst, dass ein Unternehmen hehrere Ziele verfolgt als Marktführerschaft und maximalen Profit. Sie wollen vielmehr wissen, welche Haltung ein Anbieter *glaubhaft* vertritt, wie er mit seinen Kunden und Mitarbeitenden umgeht und welchen Nutzwert er der Welt und den Menschen bringt. Dieser Nutzwert, der Daseinssinn, das Warum und Wofür eines Unternehmens heißt im Englischen »Purpose«.

Ein Future Purpose ist sinnstiftend, authentisch, wahrhaftig, inspirierend, vorausschauend, kühn. Er definiert die »höchste zukünftige Möglichkeit einer Organisation«, würde der durch seine »Theorie U« bekanntgewordene deutsche Systemforscher und MIT-Professor Otto Scharmer wohl dazu sagen. Im Orbit-Modell[36] (siehe auch Abbildung 17) steht er im Zentrum. Wie der Kern einer Frucht sichert er das Überleben am Markt. »Put Purpose at the Core of Your Strategy« titelt die Harvard Business Review.[37] Ein auf eine lebenswerte Zukunft ausgerichteter Purpose zahlt sich definitiv aus.

Wer dem Wohl des Planeten dient, die Lebensqualität der Menschen verbessert und die Welt zu einem besseren Ort macht, den unterstützen wir gern. Solche Anbieter sind in der Lage, eine Gefolgschaft von Anhängern um sich zu scharen und sie zu Missionaren zu machen. Das wiederum erzeugt qualitatives Wachstum und macht Wettbewerbsvorsprünge möglich. So zeigt der Global Leadership Forecast von Ernst & Young, dass »Purposeful Organisations« um 42 Prozent bessere Finanzergebnisse als der Durchschnitt vorweisen können.[38]

Die Rügenwalder Mühle, ein Familienunternehmen in siebter Generation, hat 180 Jahre lang nur Fleisch- und Wurstwaren hergestellt. 2014 nahm sie, zunächst gegen erheblichen internen Widerstand, auch fleischlose Produkte in ihr Sortiment auf. Bereits 2020 machte das Unternehmen erstmals mehr Umsatz mit dem schmackhaften Fleischersatz als mit seinen herkömmlichen Produkten. 2021 wurde die Marke von rund 4000 Verbraucher:innen zur »Most Trusted Brand« gewählt.

Fortan wird es immer stärker um die Vereinbarkeit von Gewinnstreben, Gemeinwohl und Nachhaltigkeit gehen, also um »Profit«, »People« und »Planet«. Bereits 1994 hat der britische Autor John Elkington dafür den Begriff der »Triple Bottom Line« geprägt, wonach ein Unternehmen neben der ökonomischen auch eine ökologische und eine soziale Bilanz vorlegen soll. So muss Unternehmertum geradeheraus mit folgenden Fragen beginnen:

- Welche Auswirkungen hat unser Wirtschaften auf Gesellschaft und Umwelt?
- Welchen Beitrag leisten unsere Lösungen für eine lebenswerte Zukunft?
- Wie schaffen wir einen Heimathafen für unsere Mitarbeiter?
- Wie schaffen wir einen Sehnsuchtsort für unsere Kunden?

Nicht nur das Zahlenwerk, auch die moralische Bilanz muss stimmen, um zukunftsfähig zu sein. Die konventionellen Leitbilder von früher hingegen taugen nicht mehr.

Der Unterschied zwischen Leitbild und Purpose

Konventionelle Leitbilder sind selbstherrlich und egozentriert. Sie klingen oft ähnlich und irgendwie hohl, geradewegs so, als hätte man einen Leitbild-Generator benutzt. Sie zelebrieren keinen einzigartigen Nutzen für den Markt und die Welt, sondern ausschließlich den Traum von eigener Größe. Und so hört sich das an: »Wir verstehen uns als Marktführer mit 1a-Produkten.« Oder so: »Wir sind global führend mit unseren Marken.« Oder so: »Wir sind der Technologievorreiter unserer Branche.« Zudem rieselt es Plattitüden (»Wir sind kundenorientiert.«), Selbstverständlichkeiten (»Wir sind zuverlässig.«) und Phrasen (»Wir beziehen unsere Stärke aus unseren Mitarbeitern.«). Solche Leitbilder wurden im stillen Kämmerlein konstruiert, dann stolz präsentiert. Das Top-Management sprach inbrünstige Worte, großspurig wurden Plakate enthüllt und laminierte Kärtchen verteilt, die alsbald in den Schubladen des Vergessens verschwanden. Fragt man Mitarbeitende nach dem Leitbild ihrer Firma, erntet man leere Blicke.

Schlimmer noch: Was in aufgehübschten Imagebroschüren über wohlklingende Werte steht, ist nichts als Kommunikationsprosa für die Öffentlichkeit, an die intern sowieso niemand glaubt. Von den Oberen werden Werte zwar gerne hinausposaunt, doch allzu oft nicht gelebt. Bleischwer hängt ihnen altes Uni-Wissen im Kopf: Ein Unternehmen und dessen Management, so der einflussreiche Ökonom Milton Friedman vor 50 Jahren, habe keine soziale Verantwortung gegenüber der Öffentlichkeit oder der Gesellschaft, sondern den Auftrag, den Profit für die Shareholder zu maximieren.[39] Natürlich sollen Unternehmen Gewinne erzielen. Stehen aber Vorherrschaft, Wachstumswahn und Maximalrenditen im Fokus, kann das in die zweifelhaftesten Richtungen führen. Beispiele hierfür gibt es auch heute genug.

Doch die Öffentlichkeit wird davon hören. Jeder Mitarbeitende kann im Web darüber berichten, was hinter den Kulissen tatsächlich läuft. Und jeder Kunde kann online haarklein erzählen, wie man mit ihm umgeht. Vieles wird sich wie ein Lauffeuer verbreiten. Feigenblatt-Aktionen, Mauscheleien und Vorgaukelei haben kaum eine Chance. Keine noch so gut gemachte Schönwetter-Kampagne kann auf Dauer darüber hinwegtäuschen, was ein Anbieter tatsächlich treibt. Klimaneutralität? Gezielt falsch gerechnet und als reine Behauptung enttarnt. Versprochene Spenden? Werden als nie angekommen reklamiert. Obskure Zertifikate? Als moderner Ablasshandel demaskiert. Greenwashing, Bio-Fakes, erfundene Öko-Siegel, gekaufte Testergebnisse, frisierte Qualitätskontrollen, bestochene Gutachter, Mogelpackungen, die dreisten Lügen der Protagonisten in Werbeclips: Nein, danke. Mit Schmuddelkindern will keiner spielen.

Fortan ist ein *aufrichtiger* Purpose Leitmaxime für das Handeln aller im Unternehmen. Überprüfbar, ehrlich und echt drückt er aus, weshalb ein Unternehmen existiert und was es in die Welt bringen will. Wer an einer bedeutsamen Sache mitwirken kann, legt sich ganz anders ins Zeug als jemand, der sich als Lakai für die Ego-Ziele anderer sieht. Es ist erstaunlich, welch kollektive Kraft Ersteres bei den Menschen freisetzen kann. Hohe Anziehungskraft entsteht wie von selbst. Nach den talentiertesten Mitarbeitern, den interessantesten Partnern, den kaufkräftigsten Kunden und den fittesten Investoren braucht man dann nicht mehr mühsam zu suchen. Die finden einen.

Zum Beispiel sieht sich Google nicht selbstfokussiert als größter globaler Suchmaschinenbetreiber, sondern »organisiert die Informationen der Welt«. Tesla »treibt den Übergang zu nachhaltiger Energie voran«. TEDx versteht sich nicht als namhafter Konferenzanbieter, sondern will »wertvolle Ideen weiterverbreiten«. Und statt »Wir verkaufen Heizungen« sagt der Energielösungsanbieter Viessmann: »Wir gestalten Lebensräume für zukünftige Generationen«.

Solche Formulierungen zeigen: Es geht nicht darum, wer ein Anbieter ist und was er macht, sondern um den Impact, den er in die Welt bringen will. All diese Statements sind zudem »groß« und »breit« gedacht. Sie schaffen Raum für Ausdehnung und (globales) Wachstum. Besteht nämlich der Purpose darin, ein drängendes Problem der Menschheit zu lösen und damit die Welt an einer kleinen Stelle zu heilen, dann kann etwas wirklich Grandioses gelingen. Wo die größten Probleme sind, sind auch die größten Märkte. Gute Gewinne sind dann das Ergebnis. Schlechte Gewinne werden auf Kosten der Umwelt und des Gemeinwohls gemacht. Gute Gewinne hingegen entstehen, indem man den Menschen nützlich ist und zugleich auch die Umwelt schützt. Den Unternehmen, die das *nicht* bieten, werden bald drei Dinge ausgehen: die Innovationen, die Leistungsträger und die Einnahmenbringer.

Der Weg zur eigenen Purpose-Definition

Ein zukunftsfähiger Purpose beginnt mit folgenden Fragen: »Wofür gibt es uns? Was macht uns nützlich? Wie wird die Welt ein Stück weit besser, weil es uns gibt? Was ist unser Beitrag für die Gesellschaft, damit die Zukunft für alle lebenswert bleibt?« Dabei gibt es drei Ebenen, die miteinander harmonieren sollen:

- der Purpose für die Organisation als Ganzes (Corporate Purpose),
- der Purpose der eigenen Marke(n) für die Kunden (Brand Purpose),
- der Purpose für die Mitarbeitenden (Employee Purpose).

Idealerweise umfasst der Purpose in einem Satz, worum es einem Unternehmen geht. Die Wortwahl ist einfach, klar und positiv in die Zukunft gerichtet. Nach Simon Sinek, der mit seinem Buch *Start with Why* das Thema so richtig in Gang gebracht hat, ist die Formulierung idealerweise ein zweigeteilter Satz, der den Beitrag, den man leisten will, mit der Wirkung, die man erzielen will, kombiniert. Mein eigener Purpose lautet zum Beispiel so: »Ich inspiriere die Menschen in den Unternehmen, sich so zu organisieren, dass sie auf kundenzentrierten Wegen eine sehr gute Zukunft erreichen.«

Vielerorts passiert in puncto Purpose leider genau das Falsche: Man will so schnell wie möglich dabei sein, weil das Thema grad hypt. Flugs soll die Hausagentur einen Purpose entwickeln, der möglichst gut klingt. Halt! Purpose-Maximen gehören nicht in die Hände von Werbern. Deren Output wirkt oft wie ein Slogan, vielleicht schick formuliert, doch vornehmlich Schönfärberei. Damit steht nicht nur die Integrität eines Anbieters, sondern auch dessen Verlässlichkeit auf dem Spiel. Häme und beißender Spott sind nicht selten die Folge. Man wird entlarvt, genüsslich in aller Öffentlichkeit an den Pranger gestellt und zerfleddert. Deshalb: Euer Purpose muss zugleich nachvollziehbar und absolut glaubwürdig sein. Je mehr Fakes im Web ihr Unwesen treiben, desto kostbarer ist die Wahrheit.

Ein Corporate Purpose wird individuell von innen heraus entwickelt, verbalisiert und implementiert, es gibt kein Schema F. Am besten setzt ihr euch interdisziplinär und interhierarchisch mit einem / einer versierten Moderator:in in einem Workshop zusammen. Mit Fragen wie diesen nähert ihr euch einer eigenen Purpose-Definition:

- Was ist oder wird fortan die Existenzberechtigung unserer Firma?
- Was können wir besonders gut und tun wir leidenschaftlich gern?
- Für welche Überzeugungen stehen wir ein?

- Welche Probleme dieser Welt lösen wir?
- Welche Werte schaffen wir für unsere Kunden?
- Mit welchem Leitthema können wir Top-Talente gewinnen?
- Was gibt uns Entwicklungsspielraum in zukünftige Richtungen?

Hierzu gleich ein Beispiel: Ein Skihersteller hat analysiert, dass die Drehfreudigkeit seiner Skier nicht nur mehr Fahrspaß bringt, sondern auch der Ermüdung vorbeugt und damit die Verletzungsgefahr reduziert. Daraus leitete er den Purpose ab, ab jetzt nur noch verletzungsminimierende Sportartikel zu entwickeln.[40] Ist, wie in diesem Fall, das Warum einer Organisation im Kern definiert, gibt dies wie ein Leitstern die nötige Orientierung. So kann der Purpose für alle unternehmerischen Entscheidungen als Filter dienen. Er zeigt dem Management, den Mitarbeitenden, Kunden und Partnern,

- welche Handlungsoptionen passen – und welche nicht,
- welchen Typ Mitarbeiter man haben will – und wen nicht,
- welche Partner eine Bereicherung sind – und welche nicht,
- für welche Kunden man tätig sein will – und für wen nicht.

Wenn ich rumreise und Vorträge halte, bin ich stets überrascht, wie selten die Beschäftigten wissen, weshalb ihr Unternehmen überhaupt existiert. Praktisch jede Firma hat am Anfang ihrer Geschichte einen Daseinssinn, eine Berufung gehabt. »Es kann doch nicht sein, dass ...?« und »Wäre es nicht viel besser, wenn ... ?«, mit solchen Fragen ging es meist los. Von Ehrgeiz und Enthusiasmus beflügelt vollführte die Startcrew die anstehenden Aufgaben mit Hingabe, Tatkraft und wilder Entschlossenheit.

Doch mit zunehmender Größe verwandeln sich die Unternehmen. Sie lösen sich von ihrem eigentlichen Beweggrund und werden zu einem Konstrukt, das vor allem mit sich selbst beschäftigt ist. Die Lebendigkeit stirbt. Herz und Seele gehen verloren. Aus Kunden werden Vorgänge. Aus inspirierten Mitarbeitenden werden mechanische Abarbeiter. Es kann also durchaus lohnend sein, nach dem ursprünglichen Purpose zu fahnden und diesen dann zu verjüngen.

Purpose definiert? Nun geht es erst richtig los

Die Entwicklung eines zukunftsfähigen Purpose ist nur der Anfang. Danach geht die Arbeit erst richtig los. Denn dieser Purpose muss nun mit Leben gefüllt und für die Kunden erlebbar gemacht werden, sonst bleibt er nur eine Hülse, die leer ist, wenn man in sie hineinschaut. Um zu brillanten Konzepten zu kommen, ist ein Großgruppenworkshop erste Wahl. So nutzen wir die »Weisheit der Vielen«. Immer mehr Unternehmen haben nun auch den Mut, diesen Weg mit mir zu gehen.

Wieso Mut? Ein Großgruppenworkshop bedeutet Basisdemokratie. Und Kontrollverlust. Man legt nächste Schritte in die Hände seiner Mitarbeiter:innen, ohne zu wissen, wohin diese steuern. Doch der Zugewinn ist gewaltig. Es geht gleichsam ein Ruck durch die gesamte Organisation. Neue Perspektiven, neue Gedanken, neue Beziehungen, neue Kommunikationsnetze und ganz neue Ideen entstehen. Die Suche nach einer gemeinsamen Zukunft schweißt alle zusammen. Und die Lust am Umsetzenwollen ergibt sich ganz wie von selbst. Bei den alten Verkündungsprogrammen hingegen bleibt alles im kraftlosen Müssen.

In meinen Großgruppenworkshops werden an einem einzigen Tag 40 bis 80 Mitarbeiter strukturiert sowie hierarchie- und abteilungsübergreifend an die purpose-relevanten Themen herangeführt. Die Ausbeute ist immer ergiebig: eine Vielzahl von umsetzungsreifen Konzepten, die idealerweise gleich vor Ort per Gruppenentscheid abgesegnet werden und danach sofort in die Umsetzung gehen. Sie müssen also nicht erst die üblichen Gremien durchlaufen, wo sie am Ende doch abgelehnt werden – oder versanden. Mein Erfahrungsschatz zeigt darüber hinaus: Die Mitarbeiter:innen steuern immer in die richtige Richtung, denn sie wissen besser, als mancher Manager glaubt, was der Firma guttut und was sie dringend braucht, um fit für die Zukunft zu werden.

#19 Die Organisation der Zukunft: Kreise statt Silos

»Ich werde dafür bezahlt und kann Boni ergattern, wenn ich meine vorgegebenen Ziele erreiche«, erklärte mir Abteilungsleiter Klaus. »Das setze ich rigoros um. Ob ich damit anderen Bereichen schade, ist mir egal.« Ich schaute, glaube ich, ziemlich entsetzt. »Persönlich würde ich es ja anders machen«, raunte er mir zu. »Kann ich mir aber nicht erlauben, habe zwei Kinder auf der Uni und gerade ein Häuschen gebaut. Schön dumm wäre ich, mich gegen die Vorgehensweisen der Firma zu stellen.« Oha! Bei genauer Betrachtung sind also nicht die Menschen in den Unternehmen »verkehrt«, sondern die »gängigen« Strukturen und Verfahren. Das kann man überwinden. Wer dem Neuen tatsächlich eine Chance geben will, muss vor allem das längst überholte, doch in den Corporates noch immer weitverbreitete, übermächtige Silo-System auf den Prüfstand stellen.

Silos sind immer ein Warnsignal. Sie verursachen Systembrüche, sodass die Dinge nicht störungsfrei fließen können. Unkoordinierte Planungsprozesse und falsch aufgesetzte Incentive-Programme verstärken diesen Effekt. Statt interdisziplinär auf Lösungssuche zu gehen, meckert man rum: »Die (Deppen)« im Marketing können bloß bunte Bildchen. »Die (Luschen)« im Vertrieb vermasseln unsere Leads. »Die« in der Auftragsabwicklung sind solche Stümper, dass die Kunden gleich wieder flüchten. Indes gerät man dort in die Bredouille, weil der Vertrieb, dem die Quartalsziele im Nacken sitzen, unhaltbare Versprechen macht. Auf der Webseite sind noch immer Produkte gelistet, die es längst nicht mehr gibt. Ingenieure, die sich für was Besseres halten, hören den verzweifelten Kundendienstlern nicht einmal zu, wenn die mit den Hilferufen der Kunden zurück in die Firma kommen. Und den Customer-Care-Center-Agents bleibt manchmal die Luft weg vor lauter Beschwerden.

Gegenüber dem Kunden klingt das dann so: »Sorry, ist bei uns so vorgeschrieben.« Oder so: »Tut mir leid, mir sind die Hände gebunden, weil ich da nicht zuständig bin.« Oder gar so: In *der* Abteilung gibt es öfter Probleme.« All das interessiert den Kunden nicht die Bohne, doch man zwingt ihn dazu, sich damit herumzuschlagen. Statt die wahren Ursachen anzugehen und Silos endlich einzureißen, wird mehr vom Falschen getan: Buhfrauen und Buhmänner werden gesucht, weitere Regeln erlassen, noch mehr Verfahren standardisiert, mehr Belohnungs- und Bestrafungstools implementiert. Man meetet wie immer nur abteilungsintern und regt sich auf. Denn schuld sind natürlich immer die andern. Doch außer Kundenverlusten bringt so was rein gar nichts.

Der Kunde betrachtet eine Firma immer als Ganzheit. Ihm ist es schlichtweg egal, was hinter den Kulissen passiert, wer wofür zuständig ist, und warum es wo klemmt. Abteilungsgrenzen und Abstimmungsprobleme interessieren ihn nicht. Aus welchem Bereich eine Lösung kommt, ist ihm schnuppe. Hauptsache, sie funktioniert.

Eine vernetzte Welt verträgt keine unvernetzte Organisation

Die Hauptaktionsrichtung eines hierarchiegeprägten Unternehmens verläuft vertikal, also top-down und wieder zurück. Rivalität ist üblich. Zum Beispiel ist es für den einzelnen Manager im Rahmen seiner Ziel- und Bonusplanung zwangsläufig kontraproduktiv, einen Mitarbeitenden aus dem eigenen Bereich in ein crossdivisionales Projekt abzugeben oder unterjährig in einen anderen Teil der Organisation ziehen zu lassen. Die Person ist schließlich mit allen Kosten in seinem Bereich budgetiert und bei der Abteilungsergebnisplanung fest einkalkuliert.

Und wenn es Probleme gibt, weil eine andere Abteilung patzt? Das wird schwierig! In die Hoheitsgebiete anderer Bereiche greift man besser nicht ein. (»Das ist nicht Ihre Aufgabe!« – »Was mischen Sie sich bei uns ein?«). Zuständigkeitswirrwarr, Insellösungen und Aufgabenfragmentierung: in Silo-Organisationen völlig normal. Missverständnisse, Wissensverluste und ein irrer Abstimmungsaufwand sind üblich. Niemand darf übergangen werden. Ständig muss man warten, bis andere mit ihrer Zuarbeit fertig sind. Manches wird doppelt, anderes gar nicht erledigt. Einiges bleibt ewig liegen, das meiste wird in unterschiedlicher Qualität abgeliefert. All der Ärger führt zu Spannungen, zu Frust und Resignation. In der Folge strengt sich niemand mehr an, für »die da« schon gar nicht. Im Abarbeitungsmodus erledigen die Silo-Bewohner, was erledigt werden muss, nicht weniger, aber eben auch nicht mehr. Doch magerer »Dienst nach Vorschrift« wird von den Kunden gar nicht goutiert. Wenn aber die Kunden nicht mehr kommen und kaufen, gibt es bald kein Unternehmen mehr.

Silo-Strukturen und die damit verbundene Mammut-Bürokratie sind die größten Ineffizienzen, die sich die Corporates heute noch leisten. Sie machen Unternehmen langsam und dumm. Sie erzeugen Wasserköpfe, die Wertschöpfung verhindern. Sie verursachen enorme Kosten, blockieren den Fortschritt und verjagen Zukunftsgestalter. Solange Silo-Strukturen bestehen, kann Kundenzentrierung nicht wirklich gelingen.

> Kundenzentrierung hängt maßgeblich von einer crossfunktional synchronisierten Arbeitsorganisation ab. Eine Customer Journey, die Kaufreise des Kunden, verläuft immer quer durch die gesamte Unternehmenslandschaft. Silo-Formationen passen da nicht.

In Bezug auf Nachhaltigkeit und Digitalisierung, Innovationen, Agilisierung und Bürokratieabbau ist es das Gleiche. All das muss interhierarchisch und crossfunktional funktionieren. Wenn sich in der Außenwelt alles miteinander vernetzt, dann muss das auch drinnen im Unternehmen passieren. Ergo: Die Silos *müssen* schleunigst weg.

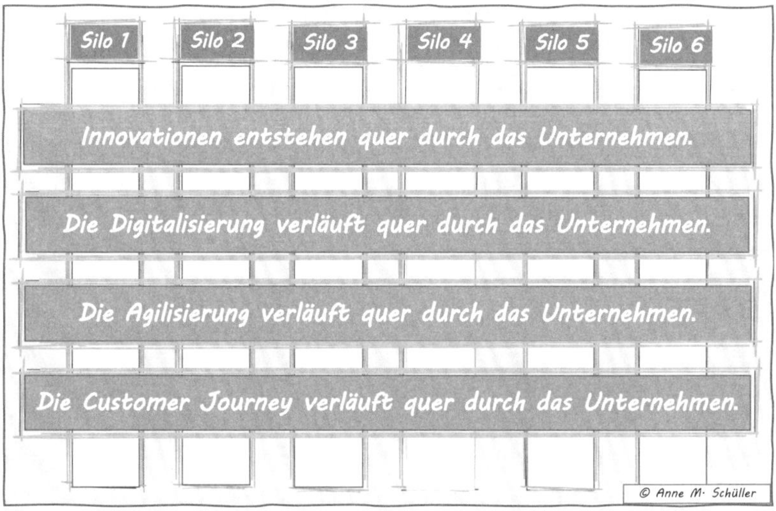

Abb. 15: Silo-Strukturen verfolgen Abgrenzungsstrategien und verhindern Vernetzung. »Crossfunktional« spielt von nun an eine entscheidende Rolle und sichert Erfolg.

Verbale Aufgeschlossenheit bei anhaltender Verhaltensstarre

Natürlich höre ich die, die mir erklären, heute sei vieles längst anders. Man führe jetzt transformational und nutze agile Methoden. Das ist sehr zu begrüßen. Doch schaut man genauer hin, passiert das meiste nur punktuell. Zudem beschränkt sich das Vorgehen auf die Mitarbeiterseite, die Arbeitsplatzgestaltung und neue Arbeitstools. Das Wesentliche aber bleibt unangetastet. So heißt es *seit Jahren*, dass Silo-Strukturen aus der Zeit gefallen sind und nicht mehr funktionieren. Doch (fast) niemand reißt die eigenen Silos konsequent ein. Man dreht zwar an kleinen Schräubchen, nicht aber am großen Rad. Vieles bleibt im »Eigentlich müsste man …« stecken und hat zu wenig Wumms. Um ihre eigene Haut zu retten, schützen die Oberen den Bestand und versuchen so, eine Zukunft aufzuhalten, die sich nicht aufhalten lässt. Immer größere Umsetzungsdefizite sind die bedrohliche Folge.

Wem es selbst an den Kragen gehen könnte, der tut eben besser nur so, als ob. Doch die Mitarbeitenden spüren das ganz genau. Die erste Erkenntnis der Silo-Vorsteher müsste demnach folgende sein: »Die wahren Verhinderer, das sind wir selbst.« Leider ist mit dieser Größe nur selten zu rechnen. Ihr bester Trick: Verbale Aufgeschlossenheit bei anhaltender Verhaltensstarre. Ständig legen sie dar, wie wichtig Transformation sei, weshalb man ihnen mangelnden Veränderungswillen irgendwie gar nicht anlasten kann. Sie spielen Transformationstheater. Sie überpinseln das Alte mit hipp klingenden neuen Tools, um sich einen modernen Anstrich zu geben. »Hey, Frau Schüller«, so neulich einer. »Wir nennen *alle* Workshops jetzt Design Thinking.« Vorgehen und Inhalte blieben die alten.

Es bringt zum Beispiel rein gar nichts, wenn ein selbstorganisiertes Team im Schnellsprint ein Kundenprojekt bis zur Umsetzungsreife entwickelt, dieses Projekt dann aber wochenlang in einem klassischen Toplevel-Gremium hängen bleibt. Da, wo es keinen grundlegenden Erneuerungswillen gibt, kommen die meisten guten Ideen über das Stadium des Zettelchenklebens nicht hinaus. Und da, wo sich Pilotteams neu ausrichten und autonom arbeiten dürfen, verpufft deren Transformationsenergie, sobald sie auf ein verkrustetes Grundgerüst treffen. Solange die organisationale Basis nicht angefasst wird, wird ein Großteil der Agilisierungsbemühungen wirkungslos bleiben. Allerdings:

> Gegen das schlanke, smarte, schnelle, mutige Vorgehen in modernen Unternehmenskulturen haben die Old-School-Apparatschiks mit ihrer Absicherungsmentalität, ihren langatmigen Prozessen und ihren behäbigen Entscheidungsrunden nicht den Hauch einer Chance. Insofern stellt sich ihnen eine alles entscheidende Frage: Was ist für uns die minimal notwendige Machthierarchie, die minimal notwendige Ordnungsstruktur und die maximal mögliche Form der Selbstorganisation?

Passende organisationale Strukturen machen bahnbrechende neue Geschäftsideen ja überhaupt erst möglich. Für die »Future Economy«, in der sich menschliche und künstliche Intelligenzen miteinander verbinden, wird eine »Future Organisation« gebraucht. Kreise sind ein typisches Merkmal solcher Organisationen.

In Kreisen rund um Branchen, Kunden, Produkte, Funktionen

Ihr stimmt euch ab, besucht die Kollegen aus anderen Bereichen, arbeitet sogar dort einmal mit? Das reicht nicht! Marktorientierung kann nur dann wirklich gelingen, wenn auf dezentrale Führung und crossfunktionale Strukturen umgestellt wird. Hierbei strukturiert man sich entlang der Kundenaufgaben. Die Mitarbeiter gruppieren sich in »Circles«, also in Kreisen um Branchen, Kunden, Produkte oder Funktionen. Dazu werden passende Kompetenzen über Abteilungsgrenzen hinweg für einen längeren Zeitraum zusammengeführt: Entwickler, Designer, Produktions-, Marketing- und Serviceleute, Vertriebler, Logistiker und wer sonst noch wichtig ist, arbeiten als Team autonom an gemeinsamen Aufgabenstellungen, wodurch das Ganze an Tempo gewinnt und zur Freude der Kunden endlich wie aus einem Guss funktioniert.

Zwar gibt es auch in Kreisorganisationen oberste Führungsebenen, jedoch keine Silos. Im Kreis selbst gibt es keine Führungskraft, aber immer Koordinatoren, die mit anderen Kreisen interagieren. Wenn nötig, werden kreisexterne Fachleute konsultiert, um perfekte Entscheidungsgrundlagen zu schaffen. Wofür silobasierte Projektteams Monate brauchen, das schaffen selbstorganisierte Kreisteams in Wochen.

Solche Schnelligkeit wird obligatorisch. Kein Kunde wartet ewig, bis eine Anbieterfirma endlich in die Pötte kommt, schon gar nicht, wenn bei ihm die Hütte brennt.

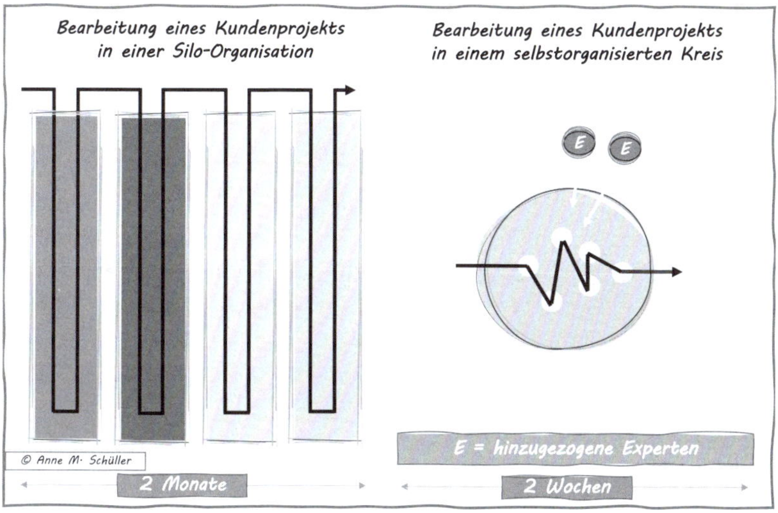

Abb. 16: Die Bearbeitung eines Kundenprojekts: langatmiges Auf und Ab in einer Silo-Organisation vs. Rasanz in einem selbstorganisierten Team. Die Punkte im Kreis stehen für Personen, die, womöglich von Experten beraten, crossfunktional zusammenarbeiten.

Hier gleich ein Beispiel, um das Vorgehen deutlich zu machen. Es geht um Swarovski Gemstones, dem B2B-Bereich des österreichischen Kristallspezialisten. Früher dauerte die Bearbeitung von Kundenanfragen dort oft Wochen, weil Entscheidungen bis ins Top-Management hochdelegiert wurden. Die Prozesse waren starr, die Freiheitsgrade der Mitarbeiter:innen gering. Zum Glück erkannten die Manager das eigentliche Problem: Sie selbst waren die Ursache der Zähigkeit. Heute arbeitet man dort mit selbstorganisierten Teams, die in Circles organisiert sind. Einer der ersten Kreise hat sich um *den* Großkunden herum gebildet, der mit seiner Abwanderungsdrohung den Wandlungsprozess losgetreten hatte. Mit Erfolg, denn der Kunde blieb. Die Kreise sind direkt dem Top-Management zugeordnet. Selbst die ursprünglichen Gegner dieses Modells geben inzwischen zu, dass die Firma damit erfolgreicher ist.[41] Zum Glück hatte der Kunde das Problem offen angesprochen und Swarovski so die Gelegenheit gegeben, sich zu wandeln. Anderswo wandern die Kunden einfach ab, ohne ein Wort zu sagen.

Übrigens kann sich ein ganzes Unternehmen in Kreisform organisieren. Zu diesem Zweck haben Alex T. Steffen und ich das Orbit-Modell[42] entwickelt. »So sieht das Unternehmensmodell der Zukunft aus«, schreibt das Wirtschaftsmagazin Capital. Im Rahmen von neun Aktionsfeldern zeigt es den Weg zu einer dynamischen Organisation, die für die Herausforderungen der Zukunft hervorragend aufgestellt ist: zugleich hochrentierlich – und zutiefst human.

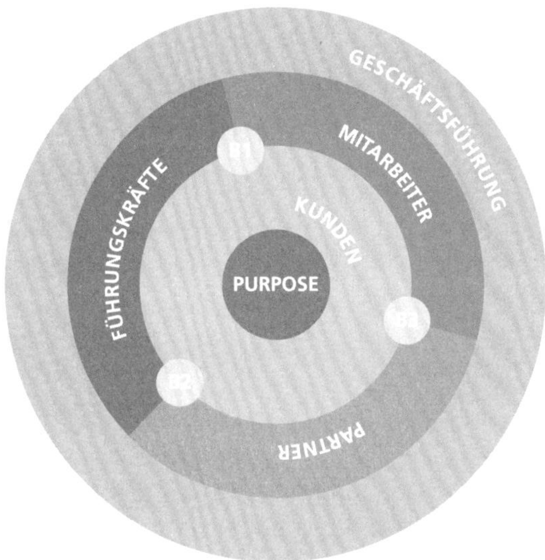

B1 Kundenfokussierte Brückenbauer
B2 Mitarbeiterfokussierte Brückenbauer
B3 Empfehler/Influencer als Brückenbauer

Abb. 17: Das Orbit-Modell© mit seinen neun Aktionsfeldern, entwickelt von Anne M. Schüller und Alex T. Steffen

#20 Halleluja! Endlich ändert sich was. So gelingt Change

Wir befinden uns in einer der riesigen Kölner Messehallen. Hier hat der Physiker und Wissenschaftsjournalist Ranga Yogeshwar zusammen mit dem Starautor Frank Schätzing, der unter anderem den SciFi-Thriller *Der Schwarm* geschrieben hat, ein beeindruckendes Experiment durchgeführt. 200 Menschen waren versammelt. In der Hallenmitte befand sich ein riesiger Kreis. Um den Kreis herum sind im Uhrzeigersinn Tafeln mit den Ziffern eins bis zwölf aufgestellt. Die Probanden wurden gebeten, im Kreis herumzuschlendern, *nicht* miteinander zu kommunizieren, das gesamte Terrain auszunutzen und immer einen Abstand von gut einer Armlänge zu allen Nachbarn zu halten. Allerdings erhielten 20 der Leute im Kreis eine geheime Anweisung, wobei keiner von ihnen wusste, dass auch andere sie bekommen hatten. Nach etwa zwei Minuten des Umherwanderns sollten sie langsam zur Ziffer zwölf gehen und davor stehen bleiben. Immer mehr Menschen zogen ihnen nach. Nach kaum fünf Minuten knubbelten sich fast alle vor der zwölf, ohne dass jemand sie dorthin gerufen hätte. 20 Individuen, also zehn Prozent, hatten es rein durch ihr Verhalten geschafft, den ganzen Schwarm an ein Ziel zu bringen, ohne ihnen Anweisungen geben zu müssen.[43]

Damit wurde eine Faustregel bewiesen, die besagt: Sind zehn Prozent der Menschen für eine Sache gewonnen, entsteht Sog. Es sind immer die Vorreiter und Schrittmacher, die Experimentierfreudigen mit Tatkraft und Durchhaltevermögen, die eine Veränderung initiieren. Ihr Mut macht auch anderen Mut. Sie verbreiten eine ansteckende Zuversicht und machen Lust auf Wandel. So nehmen sie andere mit auf den Weg in die Zukunft.

Doch statt zügig mit den Pionieren voranzumarschieren, verplempert man in vielen Unternehmen seine Zeit damit, gleich alle mitzunehmen – oder zunächst die Verweigerer überzeugen zu wollen. Indem man denen viel zu lange viel zu viel Aufmerksamkeit schenkt, stärkt man ihre Position und gibt ihnen Zeit, Zwietracht zu säen. Aus ihren Schützengräben heraus bekämpfen sie das Neue und verbreiten ein Klima der Angst. Doch Angst ist, wie schon betont, der größte Blockierer des Wandels.

Viele haben nichts gegen Veränderung, ganz im Gegenteil

Klar sieht nicht jeder in allem »Neu« eine Verheißung. Manche sehen in Innovationen kein mögliches Plus, sondern eine Bedrohung. So werden die Risiken, die eine Neuerung bringen könnte, überbewertet und stark überzeichnet. Im Wesentlichen ist Neurochemie, die übermächtige Mitgift unserer jahrmillionenlangen Vergangenheit, die Ursache dafür. Unbekanntes erscheint vielen als diffuse Bedrohung, die in der Tat ängstigen kann, weil sie nicht greifbar ist. Manche Gehirne sind, wenn es um Umbruch und Wandel geht, richtig gut darin, sich geradezu apokalyptische Szenen auszumalen. Selbst wenn solche Ängste unbegründet sein sollten, für den Betroffenen sind sie real. Je mehr die Führung dann auf Veränderung pocht, desto stärker klingt das nach Gefahr. Hätten aber alle Menschen das Ungewisse gescheut, wären wir nicht da, wo wir heute sind.

> Es sind die Vorwärtsdenker, die mutigen Andersmacher und kühnen Zukunftsgestalter, die mit neugierigem Infragestellen und umtriebigen Ideen Konventionen durchbrechen und Trittsteine in neue Lebensräume legen. Dieser unbändige Vorwärtsdrang, das Entdecker-Gen in uns, bringt die Menschheit voran.

Change-Projekte misslingen? Das liegt sehr oft am »Wie«

Schauen wir uns das übliche »Wie« eines klassischen Change-Projekts einmal an: Mit großen Zielen im Blick, festgezurrten »Meilensteinen« versehen und gern von Beratungshäusern teuer begleitet, wird es weit oben im Unternehmen geplant und vorgabengetreu über alles und jeden von oben nach unten »ausgerollt«. Heißt: Die Mitarbeitenden werden vor vollendete Tatsachen gestellt. Zudem geht man davon aus, dass es grundsätzlich Widerstand gegen Veränderung gibt. Deshalb plant man einen Konfrontationskurs bereits von Haus aus mit ein. So sind Change-Projekte längst zu Hassprojekten verkommen. Und es scheitern, konträr zu den gern verbreiteten Erfolgsgeschichten, zwischen 70 und 80 Prozent, wie diverse Studien zeigen.[44, 45]

Doch nicht der Starrsinn der Mitarbeiter:innen, ihre Beharrungstendenzen und ihre Unwilligkeit sind das Problem. Das Problem ist die falsche Vorgehensweise. Natürlich mag unser Denkapparat das Bekannte und die Routinen, weil beides Sicherheit bietet und Energie sparen hilft. Zugleich üben Herausforderungen eine starke Faszination auf uns aus. Wir empfinden Stolz und erleben Hochgefühle, wenn wir uns weiterentwickeln und das, was wir können, perfektionieren. Bei Kindern ist dies besonders stark ausgeprägt. Und das geht ganz gewiss nicht verloren, nur weil wir erwachsen werden.

Die Evolution favorisiert ehrgeiziges Leben, das sich an die jeweiligen Umstände aktiv anpassen kann. Sie stellt den Pioniergeist vor das Beharren und den üblichen Trott. Neugier, Wissensdurst und Lernbereitschaft sind uns angeboren – und die wichtigsten Treiber, um uns voranzubringen. Wir sind die Nachfahren derer, die eine bessere Zukunft wollten und deshalb den Fortschritt wagten. Und mal ehrlich: Oft ist man doch einfach nur froh, wenn auf etwas schlechtes Bestehendes etwas gutes Neuartiges folgt. Ständig ändern wir was, wenn das Danach uns attraktiver erscheint als das Davor.

Ablehnung und Unlust entstehen allerdings immer dann, wenn etwas »von oben« verordnet wird, also mit Druck oder Zwang behaftet ist. Zustimmung hingegen entsteht, wenn wir über eine Veränderung selbst entscheiden. Freiwilligkeit ist die wichtigste Zutat für Antrieb und gelingenden Wandel. Wenn die Mitarbeiter:innen von Anfang an in den Veränderungsprozess eingebunden werden, ist die Wahrscheinlichkeit hoch, dass der Wandel wirklich gelingt. Wenn zudem die Entscheidungen »klein« sind und man gewohnt ist, sie immer wieder anzupassen, ist es viel leichter, das Unternehmen zu restrukturieren, wenn die Umstände dies erfordern. Sind die Entscheidungen hingegen »groß« und neigt man intern dazu, vorgedachten Plänen zu folgen, wird man auch dann noch an ihnen festhalten, wenn sie unbrauchbar sind. Denn Abbruch käme einem Versagen gleich.

Wer größere Change-Maßnahmen plant, darf die Leute also nicht abkommandieren. Die Menschen haben ganz einfach verschiedene Geschwindigkeiten, wenn es um Veränderung geht. Manche haben ein hohes Strukturierungsbedürfnis, andere ein niedriges Risikobereitschaftsniveau. Einige wollen springen, andere schaffen es nur in kleinen Schritten. Das muss man respektieren. Man darf weder die einen unterfordern noch die anderen überfordern. Ein Change-Vorgehen in Anlehnung an die Innovation Curve des Kommunikationswissenschaftlers Everett Rogers halte ich deshalb für sehr viel besser geeignet. Seine Diffusionstheorie besagt, dass Neuerungen je nach Persönlichkeitstyp meist zeitlich verzögert übernommen werden.[46]

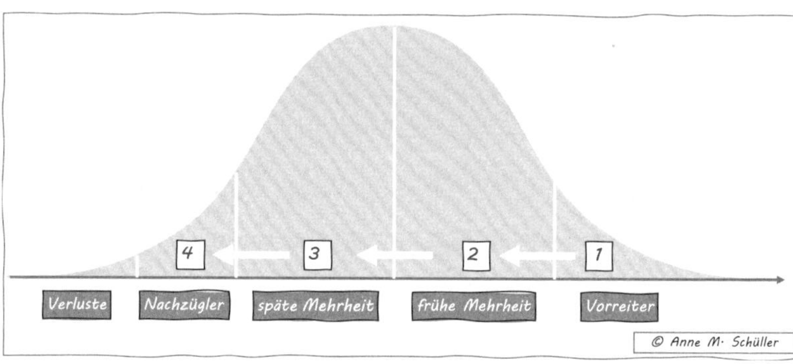

Abb. 18: Change-Prozess in Anlehnung an die Innovation Curve von Everett Rogers

Change erfolgreich machen: Nutzt die Innovation Curve!

In jeder Firma gibt es Vorreiter, Mitläufer und Nachzügler. Eine Gruppe als Ganzes ist sicherer, wenn zunächst nur eine kleine Vorhut der Willigen ins Neuland aufbricht, um nach Chancen zu suchen. Dann erst rückt man mit weiteren Einheiten nach. Ergo:

- Die Vorreiter stürzen sich mutig ins Neuland.
- Die frühe Mehrheit benutzt Trittsteine dorthin.
- Die späte Mehrheit wartet auf eine sichere Brücke.
- Die Nachzügler bleiben zunächst ängstlich zurück.
- Einige gehen verlustig – freiwillig oder auch nicht.

Beginnend mit den Vorreitern wird also nach und nach die ganze Organisation durch den Transformationsprozess gehen. Die Stoßrichtung ist dabei *nicht* top-down, sondern horizontal. Von den Ersterfolgen inspiriert schließen sich immer mehr an. Die frühe Mehrheit wird nichts versuchen, bevor es nicht andere ausprobiert haben. »Ihr müsst nicht durch den reißenden Fluss ans andere Ufer. Wir schicken eine Vorhut, die euch Trittsteine legt«, so ermuntert ihr die, die zunächst noch zögern. Sukzessive werden mit wachsender Gewissheit immer mehr Leute freiwillig die Veränderung mitmachen.

Wurden genügend Personen aus der frühen Mehrheit erreicht, das Neue zu wagen, wird die späte Mehrheit ihnen folgen. Dort sitzen viele Bewahrer. Die warten, bis auf beschilderten Wegen eine Brücke ins Neuland gebaut wurde und damit alles sicher ist. Es bringt rein gar nichts, sie gleich zu Beginn mitnehmen zu wollen. Vielmehr beruhigt ihr sie, indem sie *zunächst* an den Veränderungen noch nicht teilnehmen müssen.

Bei den Nachzüglern sitzen die Bedenkenträger. Diese wird man erst dann überzeugen, wenn alle Gefahren beseitigt sind. Dabei ist zu differenzieren: Konstruktive Skeptiker können durchaus nützlich sein, weil sie einen dazu bringen, gründlicher nachzudenken und (noch) bessere Argumente zu finden. Boykottierer hingegen, die neophobisch im Gestern verharren oder alte Pfründe zu halten versuchen, kann sich niemand noch länger leisten. Von ihnen muss man sich konsequent trennen.

Manche werden von sich aus gehen. Sie verlassen das Unternehmen, weil es nicht mehr zu ihnen passt. Das ist nicht tragisch. Viel wichtiger ist: Es bleibt ein Top-Team mit starker Anziehungskraft auf neue, ambitionierte, quirlige Talente. Genau das sind die Menschen, die ihr so überaus dringend braucht, um euch fit für die Zukunft zu machen.

Herkömmliche Change-Prozesse	Zeitgemäße Change-Prozesse
Change ist ein Projekt mit Anfang und Ende, das auf identifizierte Defizite reagiert.	Change ist eine kontinuierliche, proaktive und vorausschauende Selbsterneuerung.
Das Mindset: Es gibt Beharrungstendenzen und Widerstände, weshalb Veränderung verordnet werden muss.	Das Mindset: Veränderung im Sinne von nützlichem Neuem und dienlicher Weiterentwicklung ist willkommen.
Ziele und Stationen auf dem Weg zum Ziel werden vorgegeben und sind »at target, on budget, in time« einzuhalten.	Ziele und Stationen auf dem Weg zum Ziel werden iterativ entwickelt und können sich im Verlauf einer Maßnahme ändern.
Die Maßnahmenplanung wird »oben« getroffen und dann wie festgelegt wasserfallartig nach unten »ausgerollt« und abgearbeitet.	Die Mitarbeitenden werden nicht vor vollendete Tatsachen gestellt, sondern entwickeln selbst Lösungsmöglichkeiten und testen diese.
Führungskräfte und Change Manager »verkaufen« die vorgegebenen Maßnahmen und setzen sie zwangsweise um.	Da involviert, überzeugen die Mitarbeitenden einander kollegial von den Notwendigkeiten. Führungskräfte ermutigen und unterstützen.
Mitarbeiter werden zu den geplanten Maßnahmen »verdonnert« bzw., wenn sie »dran« sind, abkommandiert.	Nicht Müssen, sondern Wollen steht im Vordergrund. Das Vorgehen ist analog zur Innovation Curve von Everett Rogers.
Selbst wenn das Projekt scheitert, werden Erfolgsmeldungen »nach oben« gegeben.	Sinnlose oder undurchführbare Projekte werden einvernehmlich eingestellt.

Abb. 19 : Die wesentlichen Unterschiede zwischen herkömmlichen und zeitgemäßen Change-Prozessen.

#21 Wie ihr Übermorgengestalter sucht und findet

Juliane ist desillusioniert. Jahrelang hat sie studiert, sich extracurricular engagiert und vielseitige Praktika absolviert, um beste Voraussetzungen für ihre Traumfirma mitzubringen. Sie ist zukunftsorientiert und ambitioniert. Im Bewerbungsgespräch wurde ihr alles Mögliche versprochen. In Wirklichkeit hat sie wie ein Roboter Aufgaben abzuarbeiten. Eine ehrliche Stellenausschreibung, sagt sie, müsste bei manchen Firmen so aussehen: »Wir erwarten ein hohes Maß an Durchhaltevermögen bei sinnfreien und trägen Verfahrensweisen. Du bist bei uns richtig, wenn du ein ausgeprägtes Verständnis für niedrige Kommunikationsstandards mitbringst. Deine Studien- und Arbeitserfahrung zählt ab deinem ersten Arbeitstag nichts mehr. Stattdessen wünschen wir uns absolute Hörigkeit.«[47]

Geht's noch!? Hochqualifizierte Talente müssen nicht beaufsichtigt werden wie kleine Kinder. Sie wollen sich nicht gängeln oder in ein Schema pressen lassen. Das bremst sie nur aus. Vielmehr brauchen sie freie Bahn, damit sie ihren Arbeitgeber durch den Wandel lotsen. Wer seine Beschäftigten für konformes Verhalten einstellt, führt und belohnt, bekommt niemanden, der eigene Bilder entwirft. Der hat vielmehr Leute, die nur noch Vorlagen ausmalen können. Kreativität und Eigenständigkeit schwinden, so wie ein Muskel verkümmert, den man nie benutzt.

In solchen Firmen ist es nur logisch, dass es keine Pioniermentalität gibt. Die dürfen sich dann aber nicht wundern, wenn sie in ein paar Jahren nicht mehr existieren. Wo interne Freigeister *nicht* aktiv werden dürfen, verstärken sich die Beharrungstendenzen. Dort hingegen, wo sie repressalienfrei wirken können, löst sich das gesamte Unternehmen von überkommenen Vorgehensweisen und richtet den Blick nach vorn.

Um in Zukunft tonangebend zu sein, muss es den Unternehmen also gelingen, sich für Innovatoren attraktiv zu machen. Vor allem für die Nachwuchsgeneration ist dies ein maßgebliches Jobauswahl-Kriterium. Die jungen Top-Talente agieren weniger konform und weniger konkurrierend, dafür flexibler, vernetzter, autonomer und auch kreativer. Als Vorreiter des Wandels sind sie prädestiniert für Umbruch und Neuanfänge.

Freigeister oder Konformisten: Wer ist bei euch erwünscht?

Die zunehmende Vernetzung ganzer Systeme und die hohe Dynamik der Märkte erfordern vor allem Menschen, wie ich sie eingangs ausführlich beschrieben habe: Generalisten, die wandelbar und in der Lage sind, multiperspektivisch zu handeln. Konnektoren, die die entscheidenden Fäden miteinander verbinden. Talente, die sich als Nonkonformisten, als Bahnbrecher und ambitionierte First Mover ins Neuland wagen. Nur so wird man im Wirtschaftsgeschehen der Zukunft eine maßgebliche Rolle spielen.

Nur leider: Genau die, die man fortan dringender braucht als jemals zuvor, die passen nicht in die detaillierten Stellenbeschreibungen mit ihren festgezurrten Anforderungskatalogen, die von den Fachabteilungen kommen.

> Wo Schablonenmenschen gesucht werden, da werden die so wichtigen Freigeister, Andersdenker, Zukunftsmacher bereits im Recruiting sofort aussortiert. Wie schade! Fortan sollte nicht der (vermeintlich) Bestqualifizierte, sondern der Veränderungswilligste eine Chance erhalten. Und nicht die Anfangsausbildung sollte entscheidend sein, sondern vielmehr, wie schnell jemand Neues lernen kann und will.

Würden sich die Unternehmen mehr für Change Maker öffnen, gelänge ihnen der Sprung in die Zukunft unglaublich leicht. Doch vielfach sind Veränderer gar nicht erwünscht. Man hat sie kleinmütig gemacht, fortgejagt oder kaltgestellt, weil sie mangelnden Konformismus zeigen. Konformismus erscheint auf den ersten Blick ja überaus praktisch, doch in Wahrheit ist er äußerst gefährlich. Das Kritikvermögen erstirbt, Uniformität und Gleichschritt stellen sich ein. »So läuft das halt hier« ist in solchen Unternehmen ein gängiger Spruch. Das Ergebnis: Trägheit und Innovationsfeindlichkeit. Aus Sicht des Marktes: Mittelmaß und Beliebigkeit. Und das ist meist der Anfang vom Ende.

In einem durch Konformismus geprägten Umfeld verkümmern sogar die ursprünglich Nonkonformen. Wird ein Individuum nämlich für schöpferische Leistungen oft kritisiert oder werden seine Einfälle stets abgewiesen, entsteht ein Phänomen, das als »Kreativitätskränkung« bekannt ist: Die Neugier erlischt, man zieht sich zurück oder gibt klein bei. Von sensiblen Menschen bekommt ihr, wenn sie nur ein einziges Mal heftig angegriffen und heruntergemacht wurden, nie mehr Ideen. Sie sind wie Blumen, die schnell verwelken, sobald man sie knickt.

Bitte etwas mehr Mut: Mit Klonen kommt man nicht weit

Das Recruiting stellt die Weichen für die Zukunftsfähigkeit eines Unternehmens. Also folgende Frage: Wie viel »neu und anders« kann und will eure Organisation denn wirklich verkraften? Oftmals wird ja vor allem nach solchen Bewerber:innen Ausschau gehalten, »die gut zu uns passen«. Klar braucht es »Cultural Fit«. Doch damit meint man in Wahrheit Personen, die vorhersehbar »funktionieren« und keine Probleme machen.

Zwar gibt der Text einer Stellenanzeige gern vor, man suche explizit nach Kandidaten mit frischem Denken und neuem Handeln. Aber dann: Die Biografie braucht Geradlinigkeit. Aus Arbeitszeugnissen liest man heraus, wie sich jemand einfügen kann. Branchenerfahrung ist meistens ein Muss. Und überhaupt: So quer, so schräg, so unkonventionell, das dann bitte doch lieber nicht. Es könnte die betriebliche

Ordnung stören. Da bleiben die Türen für Nonkonformisten vorsichtshalber verbarrikadiert.

Doch unternehmerische Monokulturen haben im digitalen Sturm, wie die Monokulturen in unseren Wäldern bei einem Orkan, nicht den Hauch einer Chance. Nehmen wir eine weitere Anleihe bei Mutter Natur: Sie produziert nicht das immer wieder Gleiche durch Klonung, sondern Neues durch Paarung. Die Durchmischung von eigenem mit fremdem Erbmaterial führt nämlich dazu, dass robustere Nachkommen entstehen. Genetische Vielfalt ermöglicht es einer Spezies, sich besser an wandelnde Umstände anzupassen.

Die besonderen Perlen, die, die den Unterschied machen und »das nächste große Ding« liefern können, die Vorwärtsdenker mit einem innovationsoffenen Mindset, die muss das Recruiting finden. Sucht also nicht nur nach Leuten, die bloß die Position ausfüllen können, die gerade besetzt werden soll. Sucht nach vorausschauenden Generalisten mit heterogenen Praxiserfahrungen, die im Zusammenwirken mit Experten den entscheidenden Unterschied machen. Sie beugen der Betriebsblindheit vor. Sie sorgen für eine Frischzellenkur, für Blutauffrischung und Überkreuzbefruchtung.

Doch siehe da: Standardisierte Gesprächsverläufe sind noch immer die Norm. Verhält sich ein Kandidat wie erwartet, winkt man ihn durch. Verhält er sich anders als üblich? Schon gehen die Alarmglocken los. »Was ist denn Ihre größte Stärke«, wird gefragt. »Ich bin bekannt für innovative Vorgehensweisen«, ist die Antwort. Super, denkt sich der Personaler, genau so jemanden brauchen wir hier. Und der Fachvorgesetzte? »Der bringt mir nur Unruhe in den Laden. Weg mit ihm.« Ein Trauerspiel! »Systemerhalter können nicht zu den Vormündern der Vordenker gemacht werden. Das kann man nicht oft genug wiederholen, denn das ist die Ursache der deutschen Innovationsallergie«, schreibt der Publizist und Brand-Eins-Mitgründer Wolf Lotter.[48] Im schlimmsten Fall macht das unser ganzes Land zu einer verlängerten Werkbank für Tech-Nationen.

Es braucht Störung und »schöpferische Zerstörung« (Joseph Schumpeter), damit dem besseren Neuen der Durchbruch gelingt. Doch schauen wir weiter: In Assessment-Centern und später dann auch in

Development-Centern geht es bei den vorgegebenen Aufgaben vor allem darum, anerkannte oder erwünschte Ergebnisse abzuliefern. Diejenigen aber, die mit anderen als den vorgesehenen Lösungen kommen, die fallen durch. Okay, 4+4 ist offiziell 8. Wäre nicht 44 eine viel kreativere Lösung?

Sehen wir noch kurz im Onboarding vorbei. Was dort passiert? Sogleich wird der/die Neue mit den »richtigen« Verhaltensweisen vertraut gemacht. Und am Ende der Probezeit will man von ihm/ihr wissen: »Haben Sie sich gut eingelebt (= unsere Sitten und Gebräuche inkorporiert)?« Wie wäre es stattdessen mit folgender Frage: »Was konnten Sie denn bislang schon zum Besseren ändern?«

Wie bereit ist also die Firma, wenn tatsächlich ein Übermorgengestalter andockt? Wie gehen vor allem die Führungskräfte mit so jemandem um? Bevor ihr nach ersteren Ausschau haltet und euch hinterher lächerlich macht, weil die Realität eine ganz andere ist, hier gleich ein Tipp: Macht zunächst eine anonyme interne Kurzumfrage, um festzustellen, ob Neudenker bei euch wirklich erwünscht und willkommen sind. Unter uns: Ihr werdet euch wahrscheinlich wundern, was ihr so alles zu hören bekommt.

Die Employee Journey: enttäuschend, okay oder begeisternd?

In einer Employee Journey wird prototypisch die unternehmensinterne »Reise« eines Mitarbeitenden dokumentiert. Diese lässt sich in einzelne Phasen aufsplitten. Um Rekrutierungsprozesse unter die Lupe zu nehmen und zu modernisieren, werden prototypische Candidate Journeys erstellt. Für das An-Bord-Holen der Neuen werden idealtypische Onboarding Journeys entwickelt. Auch Exit Journeys, die einen optimalen Trennungsprozess dokumentieren, sind überaus wertvoll.

Bei einer Candidate und Onboarding Journey wird aus dem Blickwinkel einer Bewerber-Persona, also eines prototypischen Bewerbers, durchleuchtet und sichtbar gemacht, wie und wo er/sie sucht, was er/sie erwartet, welche Erfahrungen er/sie während des Bewerbungs- und Onboarding-Prozesses machen möchte, welche Erlebnisse er / sie tatsächlich hat und wie seine / ihre Reaktion darauf ist. So können Hürden abgebaut, unpassende Vorgehensweisen schnell entsorgt und erfolgversprechendere Maßnahmen angewandt werden.

Meist ist es ein Mix aus positiven Erfahrungen an mehreren Interaktionspunkten, der zur Zusage und schließlich zum Bleiben eines Bewerbers führt. Bei jedem Recruiting ist eine grundlegende Entscheidung also die, auf welche Maßnahmen man sich konzentrieren soll, welche sich neu kombinieren lassen, welche vernachlässigt werden können, welche gestrichen werden müssen und welche womöglich noch fehlen.

Hierzu werden sowohl die faktischen als auch die emotionalen Erlebnisse, die ein:e Bewerber:in an einem Interaktionspunkt hat oder haben könnte, beleuchtet. Die wichtigsten Ein- und Ausstiegspunkte während einer Journey werden ermittelt und angepasst. Vorhandene Interaktionspunkte, auch Touchpoints genannt, werden optimiert und veraltete ausgemerzt, um zugleich den Erfolg zu steigern und Kosten zu sparen.

Nach dem gleichen Muster kann man die komplette Employee Journey beleuchten – aus Mitarbeitersicht betrachtet, denn die allein zählt. In *Das Touchpoint-Unternehmen. Mitarbeiterführung in unserer neuen Business Welt* steht detailliert, wie das geht.

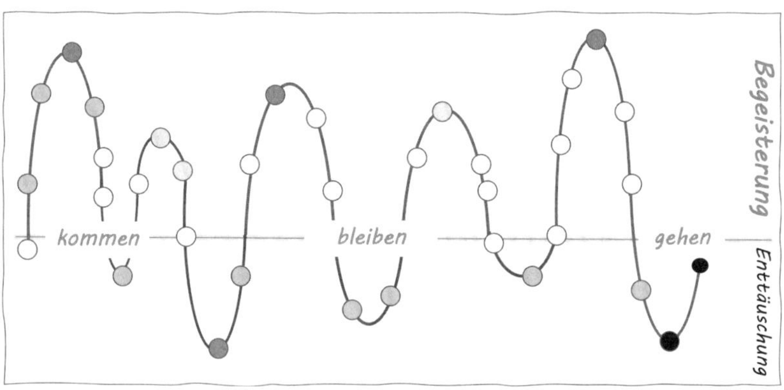

Abb. 20: Die Employee Journey zwischen Begeisterung und Enttäuschung

Ursprünglich stammt das Journey-Konzept aus dem Marketing. Und ich bin sicher: Wer die Spitzengruppe der Leistungsträger für sich gewinnen will, kann von den Kollegen auf der Kundenseite Weiteres lernen. Deren erster Rat könnte lauten: Schaut durch die Kandidatenbrille! Eure Stellenanzeigen klingen nicht nur selbstfokussiert, sondern auch reichlich verstaubt, wenn ihr wie anno dazumal immer noch schreibt: »Wir sind … Wir bieten …« Bewerber:innen hingegen wollen wissen: Was ist mein Nutzen und der ganz besondere Sinn, wenn ich mich für diese Firma entscheide? Kandidatenzentrierte Texte beginnen also so: »Sie möchten …«, oder: »Du suchst …«.

Auch originelle Recruiting-Aktionen sind sehr willkommen. Versucht es doch mal mit Guerilla-Recruiting – hier stand das Marketing ebenfalls Pate. Geprägt sind solche Aktionen durch den Überraschungseffekt und eine clevere Taktik. Sie sind im wahrsten Sinne des Wortes einmalig, zudem mutig, frech und unkonventionell. Sie kommen wie aus dem Nichts. Sie polarisieren und bringen die Firma so ins Gespräch.

Zum Beispiel suchte eine Schweizer Security-Firma Mitarbeiter mit ähnlichen Qualifikationen wie das Personal an den Flughafen-Sicherheitskontrollen. So gab sie ihren Geschäftsreisenden Metallplatten fürs Handgepäck mit, in die Sprüche eingeprägt waren wie dieser: »Gelangweilt? Bewerben Sie sich bei uns.« Beim Durchleuchten wurden sie sichtbar. Das sprach sich wie ein Lauffeuer herum – und brachte Erfolg.

Eine andere Firma nutzte den Umzug eines benachbarten Unternehmens. Dieses verließ die Stadt, um sich an einem ganz anderen Standort neu zu etablieren. Geschwind wurden Umzugskartons vor dem Haupteingang dieser Firma platziert. »Viel Spaß beim Umzug. Wir bleiben in Wiesbaden« stand darauf, oder auch: »Umziehen macht Rückenschmerzen? Dann bleib doch hier.« Das erzeugte nicht nur Medienrummel, sondern führte auch zur gewünschten Neueinstellung.

Mit gewöhnlichen Recruiting-Methoden wird es schwer, außergewöhnliche Kandidaten zu finden. Deshalb müssen Personaler schleunigst das Verkaufen lernen, um im Arbeitgeber-Attraktivitätswettbewerb um die besten Talente zu siegen.

#22 Wie ihr Ideen entwickelt, die tatsächlich zünden

Neulich habe ich eine interessante kleine Geschichte gehört: Eine Frau nimmt einen Kredit auf, gründet damit eine Firma und meldet schon kurz darauf Insolvenz an.

Als Betriebswirtschaftler würdest du wahrscheinlich verstehen wollen, warum die Geschäftsidee nicht funktionierte. Ein Marketingmensch würde sich mit der anvisierten Zielgruppe befassen, ein Controller mit der Kostensituation. Ein Business-Coach würde Führungsfehler, ein Psychologe persönliche Probleme vermuten. Und der Lokalreporter? Der wittert einen betrügerischen Bankrott. »Fragt man jemanden nach dem zentralen Punkt eines Problems, nennt er zumeist den eigenen Kompetenzbereich«, so der Schweizer Autor und Unternehmer Rolf Dobelli in »Die Kunst des klugen Handelns«.[49] Dieses Phänomen hat sogar einen Namen. Es nennt sich »Déformation professionelle«. Abschottung macht das Denken eng. Wer seinen Blick nur durch die eigene Expertenbrille lenkt, kann das komplexe Spiel der Zusammenhänge schwerlich erkennen. Dies macht Fehleinschätzungen dann sehr wahrscheinlich.

Bei einer guten Idee ist es das Gleiche. Kommt sie aus dem stillen Kämmerlein, taugt sie meist wenig. Erst durch Vernetzung und Anreicherung wird ein Geistesblitz zu einem Moment der Offenbarung. Durchbruchinnovationen gelingen, wenn ihr die »Weisheit der Vielen« (siehe Kapitel #5) mit intersektionaler Kreativität kombiniert. Im Gegensatz zur direktionalen Kreativität, bei der man der Richtung einer Grundidee folgt, vernetzt intersektionale Kreativität zwei oder mehr unterschiedliche Konzepte miteinander. Solche Diversität der Denk- und Handlungsweisen erzeugt Vielfalt statt Einfalt, treibt völlig neue Ideen voran und sorgt für unerwartete Neukombinationen.

Intersektionale Kreativität entsteht vor allem an den Schnittstellen verschiedener Disziplinen, Kulturen und Technologien sowie an Knotenpunkten, also dort, wo sich Bahnen kreuzen. Im Kleinen passiert das bereits in der Kaffeeküche, auf Barcamps, in Großgruppenworkshops, in Coworking-Spaces, in firmeninternen sozialen Netzwerken – und immer auch dann, wenn Fach-, Branchen- und Silobarrieren abgebaut werden. In großem Stil entsteht intersektionale Kreativität überall dort, wo es Ökosysteme für Innovationen gibt, etwa in Technologiezentren, auf Innovationsplattformen wie InnoCentive und an den digitalen Hotspots der Welt.

Überflieger der Wirtschaft haben viele frische, forsche Ideen

Wie ein Unternehmen zum Überflieger der Wirtschaft wird? Ihr braucht frische, freche, wilde, kühne Ideen. Ideen, die so noch nicht gedacht worden sind. Viele solcher Ideen. Denn nur wer viel würfelt, der würfelt am Ende auch Sechser. Zudem braucht ihr immer wieder *anderes* Neues. Eine Firma ist ja nicht deshalb gut, weil sie *einmal* einen Kassenschlager entwickelt hat. Sie ist gut, weil sie die Fähigkeit in sich trägt, Potenziale für Kassenschlager stets früh zu erkennen und diese am laufenden Band zu erschaffen.

Jede Idee wird natürlich immer nur dann zu einer Innovation, wenn sie in die Tat umgesetzt wurde und sich erfolgreich vermarkten lässt.

> Damit originelle Ideen entstehen, braucht es eine Prise Verrücktheit, also überzogene, gewagte, kuriose, wilde, spektakuläre, skurrile Ausgangsideen. Sie sollen unser Denken beflügeln. Verrückte Ideen sind oft auch die Basis für außergewöhnlich gute, unkonventionelle Initiativen. Zudem lernt man nicht nur von guten, sondern auch von schlechten Ideen.

Im ersten Schritt eines Ideengenerierungsprozesses muss das Problem verstanden und die Thematik durchdrungen werden. Das heißt, ihr legt nicht einfach los, sondern macht zunächst eine intensive Themenanalyse. Hiernach gilt es, eine konkrete Zielfrage zu formulieren: »Wie können wir …?« Erst dann geht es an die Ideenentwicklung. In dieser Phase werden so viele Einfälle wie möglich gesammelt, *ohne* sie zu bewerten. Erst später wird priorisiert. Für die interessantesten Ideen werden Prototypen erstellt, mit etwaigen Anwendern iterativ weiterentwickelt und danach zur Anwendung gebracht.

Von der Entwicklung neuer Ideen bis zur Machbarkeit

Bei größeren Ideenprojekten empfehle ich zwei voneinander getrennte Phasen: die Phase der Ideenfindung und die Phase der Überführung in die Realität. Beide Phasen benötigen verschiedene Persönlichkeitstypen. Das heißt demzufolge: Die Zusammensetzung der Gruppen variiert. Ein:e Moderator:in dient als Verbindungsglied.

>> **Die Kreativgruppe** besteht aus Menschen, die eine besondere Eignung für Neuanfänge, Übergänge und Vorreitertum haben: Visionäre, Pioniere, Mover, Shaker, Regelbrecher. Sie geben den kreativen Input und entwickeln Vorwärtsdrang. Sie stellen die abwegigsten Fragen, sie denken das Undenkbare und träumen sich in die schönsten Luftschlösser rein. Sie sehen in allem Neuen ein Eldorado von Chancen und nicht gleich Gefahr. Für Routinevorgänge und Kleinteiligkeit fehlt diesem Typ Mensch das Talent. Superkreative ziehen oft derart viel »Kick« aus dem Schöpfungsprozess, dass sie fast die Lust verlieren, sobald es an die Umsetzung geht.

>> **Die Umsetzungsgruppe** besteht aus Menschen, die pragmatisch, strukturiert und umsetzungstalentiert sind. Denn in Phase zwei kehrt man auf den Boden der Tatsachen zurück. Man filtert, priorisiert und konzentriert sich auf die wirklich brauchbaren Ideen. Hierbei geht es um Machbarkeit, und das erfordert einen anderen Menschentyp: Routiniers, Umsetzer, Bewahrer, Skeptiker, Detailverliebte. Werden diese zu früh in ein Projekt einbezogen, ersticken sie jede verrückte Idee schon im Keim. Zu einem späteren Zeitpunkt hingegen stellen sie sicher, dass tatsächlich an alles gedacht wird und das Ganze am Ende auch funktioniert.

So gelingt die Priorisierung der erfolgversprechendsten Ideen

Nach der Ideenfindung folgt die Priorisierung. Hierbei könnt ihr euch an den »6 R« orientieren:

- Ist die Idee *relevant* für den Kunden? Bringt sie ihm / ihr also Nutzen?
- Ist die Idee *revolutionär* im Sinne von anders und überraschend neu?
- Ist die Idee *rasch* umsetzbar, zumindest in einer ersten Probeversion?
- Ist die Idee *robust,* das heißt, hält sie dem Einsatz in der Praxis stand?
- Ist die Idee *reproduzierbar,* lässt sie sich weiterentwickeln / skalieren?
- Ist die Idee *rentierlich,* kann man also damit (zügig) Geld verdienen?

Ihr visualisiert das am besten in Form einer Entscheidungsmatrix. Dabei geht es, wie die Abbildung auf der folgenden Seite zeigt, um die Achsen Nützlichkeit /potenzielle Nachfrage und Machbarkeit / Wirtschaftlichkeit. Was aus Sicht des Kunden maßgeblich ist, hat dabei Vorrang. Erst dann geht es darum, ob und wie ihr zur Umsetzung in der Lage seid.

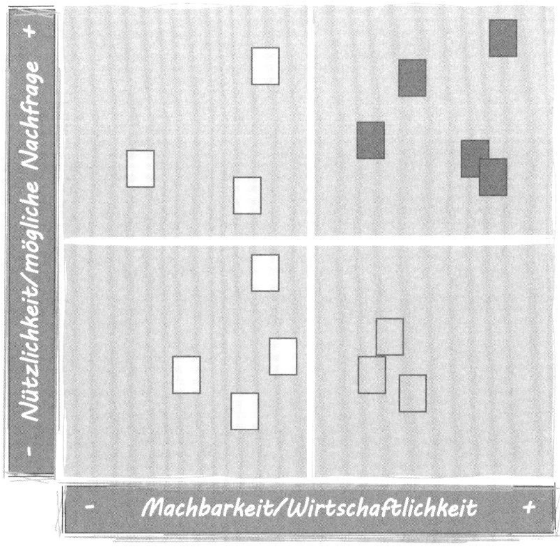

Abb. 21: Via Entscheidungsmatrix zur besten Idee: Nützlichkeit und potenzielle Nachfrage werden mit Machbarkeit und Wirtschaftlichkeit in Einklang gebracht.

Nutzt die »Weisheit der Kunden« und zieht sie zu einem möglichst frühen Zeitpunkt hinzu. Sonst entstehen Lösungen für ein Problem, das gar keines ist. Man macht »noch 'ne App«, weil man es kann – und nicht, weil der Markt sie braucht. Was *nicht* den Kunden dient, ist Verschwendung. Wie weit entfernt die Anbieter oft von solchem Gedankengut sind, zeigt eine Studie von McKinsey. Sie ergab, dass mehr als 40 Prozent der Unternehmen bei der Entwicklung neuer Produkte nicht ein einziges Mal mit dem Endkunden sprechen.[50] Doch erst dann, wenn eine neue Idee oder Technologie ein Problem sinnvoll löst, könnt ihr Kunden dazu bringen, sich darauf einzulassen.

Alle Mitarbeiter:innen in solchen Projekten brauchen psychologische Sicherheit: den geschützten Raum einer fehlertoleranten Experimentierkultur. »Better done than perfect«, »Good enough for now« und »Safe enough to try«: Solche Ansätze aus der Start-up-Welt sind dafür bestens geeignet. Lieber testen, ausprobieren, nachjustieren – und nicht warten, bis alles perfekt ist, denn perfekt ist es nie. Und wenn ihr am Ende mit einem Versuch völlig falsch liegt? Dann habt ihr immer noch etwas gewonnen: Erfahrung plus die Erkenntnis, dass die ursprüngliche Vorgehensweise die richtige war.

Experimentieren heißt, Ideen herauszufiltern, die scheitern, um diejenigen zu finden, die funktionieren. Insofern braucht es Ressourcen für Versuch und Irrtum. Ihr müsst also Zeit und Geld bereithalten für einen zweiten, dritten, vierten Versuch. Misserfolge sind ein notwendiger Teil jedes Innovationsprozesses. Wer die nicht will, dem werden auch keine großen Würfe gelingen.

Falsch ist es ferner, in einem sehr frühen Stadium bereits Planungsdaten, Budgets und Kennzahlen vorzugeben und einzufordern. Zukunft lässt sich nicht messen und kalibrieren. Besser, ihr segelt auf Sicht und setzt die Segel bei Bedarf neu.

Insgesamt braucht es einen Überschuss an Ideen, um stets aus dem Vollen zu schöpfen. Dazu empfehle ich folgendes Tool:

>> **Die Ideenbank:** Wieso Bank? Man zahlt Ideen ein, bei Bedarf hebt man eine ab, andere bleiben als Einlage für später liegen. Dies reduziert auch verständlichen Mitarbeiterfrust, wenn eine Idee nicht gleich an die Reihe kommt. Und nichts geht verloren. Eine zentrale Ideenbank ist interaktiv, allen zugänglich und vollkommen transparent. Wie in einem Regal werden dort Ideen zur Ansicht, zum Bewerten, zum Kommentieren, zum Ausprobieren und zum Weiterentwickeln angeboten. Erfolgsstorys, die sich daraus ergeben, werden üppig weiterverbreitet.

#23 Erkunden und ausprobieren: Die fehlertolerante Lernkultur

Vor Jahren hatte ich in der Hamburger Google-Zentrale zu tun. Gerade war die Google Glass herausgekommen, ein Minicomputer, den man wie eine Brille trägt. Die wollte ich natürlich gleich ausprobieren. Man konnte auf ein Touchpad am Gestänge tippen oder Sprachbefehle eingeben und bekam die gewünschten Informationen auf ein Prisma vor dem rechten Auge eingespielt – auch solche vom Gegenüber. Die Gegenüber fanden das gruselig. »Glassholes« wurden die Träger genannt. Die Brille floppte. Zunächst. Zwei Jahre nach dem vorübergehenden Ende verkündete Google mehrere Großprojekte mit namhaften Konzernen. Seitdem wird die Google Glass mit großem Erfolg im B2B-Geschäft eingesetzt, zum Beispiel in Werkshallen und in der Logistik.

Ja, wirklich Neues gelingt nur dem, der den Mut hat, zwischendurch auch zu straucheln. Der Experimentiermodus ist dort ständig auf »on«. Eine fehleroffene, sanktionsfreie Lernkultur ist hierfür ein Muss. Wenn das Umfeld komplex und die Zukunft unvorhersehbar ist, werden Fehlversuche zur Normalität. Erfolgreiche Unternehmen

>> **experimentieren**. Sie probieren vieles aus, um zu sehen, was für den Markt das Richtige ist. Sie testen »jedes Jahr, jeden Monat, jede Woche, jeden Tag« (Jeff Bezos), um mit den stets steigenden Kundenerwartungen Schritt zu halten. »Experimentability« sei die wichtigste Management-Ressource in einer digitalen Welt, sagt der Verhaltensökonom Ernst Fehr, Professor an der Universität Zürich. Geplante Vorgehensweisen werden dabei sofort über Bord geworfen, wenn sie sich im Zuge von Testphasen als untauglich erweisen.

>> **iterieren**. Über permanente Lernschleifen wird mithilfe von Kundenmeinungen fortlaufend optimiert, um frühzeitig auszusondern, was niemand braucht. So kommt validiert nur das auf den Markt, wofür die Menschen tatsächlich Geld ausgeben wollen. Das ständige Feedback über testen – lernen –

verbessern – testen macht sofortige Kurskorrekturen möglich. Ein wertvolles Extra: Man ist regelmäßig in Kontakt mit seinen Kunden und sorgt für den »Mein-Baby-Effekt«.

>> **pivotieren**. Beim Pivotieren verschiebt man etwas an einen anderen Platz. Insofern ist ein Pivot kein Komplettausstieg, vielmehr wird mindestens ein Aspekt des ursprünglichen Geschäftsmodells gezielt geändert. Als man zum Beispiel beim Instagram-Vorläufer Burbn erkannte, dass die User hauptsächlich die Fotoposting-Funktion nutzten, richtete sich das Start-up neu aus und legte damit den Grundstein für die Instagram-Erfolgsgeschichte.

> Jeder kann durch Fehler klüger und besser werden. So ist jeder Fehlversuch zugleich ein Erkenntnisgewinn, ein sich öffnendes Fenster, in dem sich das Rettende eines Neubeginns zeigt.

»Ich verliere nie«, hat Nelson Mandela einmal gesagt. »Entweder ich gewinne, oder ich lerne.« Das zeugt von Größe und Demut zugleich.

Aus Fehlern lernen: in komplexen Zeiten ein Muss

In Old-School-Unternehmen finden wir oft eine angstvolle Fehlerkultur. Hingegen haben junge Unternehmen längst verstanden: Nur da, wo nichts passiert, passieren garantiert keine Fehler. Deshalb probiert man dort alles Mögliche aus und kalkuliert das Scheitern mit ein. »Start many, try cheap, fail early« heißt das Prinzip: Viele Projekte starten, sie mit kleinen Mitteln testen, Flops schnell erkennen und sofort eliminieren. Für den Fall, dass man scheitert, scheitert man früh. Kosten halten sich so in Grenzen.

In der Digitalwelt ist eine fehlertolerante Lernkultur demnach völlig normal. Manche New-School-Unternehmen bieten ihren Mitarbeiter:innen für Fehlstarts sogar eine Bühne: »Stelle ein Projekt vor, das so richtig gegen die Wand gefahren ist«, lautet die Aufforderung dort. Der dahinterliegende Sinn: Alle sollen daraus lernen. *Nicht* der Fehler, sondern die Lernerfahrung wird dort gefeiert. Denn eine negative Haltung gegenüber Fehlern erstickt jeden Hauch von Wagemut schon im Keim. Über einen Mangel an Innovationen darf man sich dann natürlich nicht wundern.

Vielerorts ist Scheitern inakzeptabel. In der digitalen Szene hingegen fühlt man sich inspiriert von den Geschichten bekannter Unternehmer, die vor ihrem Durchbruch gescheitert sind. So erging es auch Max Levchin, ein Serien-Entrepreneur mit ukrainischen Wurzeln. Die erste Firma, die er gründete, scheiterte mit einem großen Knall. Die beiden nächsten Firmen scheiterten auch, nur nicht ganz so dramatisch. Die vierte wäre beinahe nicht gescheitert. Die fünfte war PayPal, ein grandioser Erfolg.[51] Mancherorts werden bereits Bewerber bevorzugt, die schon gescheitert sind. Dort weiß man um den Wert dieser Erfahrung. In »gescheitert« steckt nämlich »gescheiter«.

Woher kommt also diese Angst vor Fehlern? In der alten Industriekultur konnte jeder Produktionsfehler den Ruin bedeuten, weil klassische Herstellungsprozesse teuer waren. Heute gilt es zu differenzieren. Was folgenschwere Nachwirkungen haben kann, verlangt zwangsläufig eine Null-Fehler-Toleranz. Und natürlich will jeder Kunde eine fehlerfreie Leistung. Hingegen ist Fehlerakzeptanz in der vorgelagerten Entwicklungs- und anschließenden Optimierungsphase elementar. Dafür gibt es zum Beispiel das Testlabor und den Flugsimulator. Digitale Produkte kommen als Beta-Version auf den Markt und werden mithilfe der User ständig verbessert und weiterentwickelt.

Zudem kann man Fehler auch differenzierter betrachten: als Lapsus, Panne, Schnitzer, Anlaufschwierigkeit, Ersterfahrung, Rückschlag, Schwachstelle, Sackgasse, Trugschluss, Übersehen, Irrtum. Solche Formulierungen schützen vor dem Gefühl des Versagens und machen Missgriffe verzeihlich. Wem etwas schiefgeht, der braucht keinen Anpfiff, sondern Trost und Ermunterung. Meist ist man ja erst auf dem Weg zur Könnerschaft. Verschiedenes muss ausprobiert werden, da sind Irren und Wirren zwangsläufig. Man korrigiert seine anfängliche Meinung, probiert immer weiter, entdeckt neu. So wird das Straucheln zu einem Überarbeiten von Möglichkeiten.

Dem verdanke ich übrigens mein Lieblingsdessert, wenn ich in Frankreich bin. Und das kam so: Eines Tages bemerkte eine der Schwestern

Tatin, die in der Nähe von Orléans ein gutgehendes Restaurant betrieben, dass sie vergessen hatte, den Mürbeteig für den Apfelkuchen in die Backform zu geben. Die Äpfel schmorten ohne ihn im Ofen, und die Gäste warteten schon. Plötzlich kam ihr die zündende Idee: Sie gab den Teig über das karamellisierte Apfel-Butter-Zucker-Gemisch und ließ ihn garen. Die Gäste fanden den Nachtisch köstlich. So wurde aus einem kleinen Malheur die legendäre »Tarte Tatin«[52], eines von vielen »Kindern des Scheiterns«.

Einem Anfänger dürfen natürlich mehr Fehler passieren als einem Profi. Niemand ist gleich vom Start weg perfekt. Stolpern gehört zum Laufen lernen dazu. Schließlich stellt sich die Frage: »Ist das dem Fehler zugrunde liegende Problem kompliziert oder komplex?« Bei komplizierten Problemen lassen sich Prozesse über feste Routinen in Richtung Fehlerlosigkeit bringen. Bei komplexen Problemen ist genau das nicht möglich. Sie verlangen zwar Rahmenbedingungen, aber auch Spielraum und freie Bahn.

Wie wäre es mit folgendem Punkt auf der Meeting-Agenda: »Welche Erfahrungen ich gemacht habe, die sich alle sparen können.« Jeder Mitarbeitende weiß damit sogleich: Das wird uns hier nie wieder passieren. So kann jede erzählte Geschichte dabei helfen, genau *die* Fehler zu vermeiden, die andere schon hinter sich haben. Wenn man Fehler hingegen vertuscht, dann machen andere möglicherweise bald den gleichen Fehler – und das Ganze wiederholt sich unzählige Male. Und wenn man Fehler verschleppt, macht man aus einem Mini- ein Maxiproblem. So entstehen am Ende dann Großbaustellen.

Zunächst kategorisieren: Es gibt drei Fehlertypen

Auf dem Weg zu einer fehlertoleranten Lernkultur gilt es zunächst, die Fehlerkategorien einmal grundsätzlich zu analysieren. Davon gibt es drei:

>> **Fehlertyp 1:** Das sind Fehler, die zu einer Katastrophe führen können. Weil es zum Beispiel um die Sicherheit von Menschen, um Finanzzahlen, Juristisches, die Einhaltung gesetzlicher Vorschriften oder das perfekte Funktio-

nieren eines Produktes geht. Solche Fehler gehören zum Beispiel zur Normwelt von Industrieunternehmen mit großen Stückzahlen, Massenproduktion und Gleichförmigkeit. Bei diesem Fehlertyp sind feste Prozesse, vordefinierte Abläufe und penible Kontrollmechanismen unverzichtbar.

>> **Fehlertyp 2:** Das sind Fehler, die beim Erschaffen von Neuem entstehen, etwa Produkte, Services und Lösungen rund um Kundenbedürfnisse und die moderne Arbeitswelt. Hier gilt es, Fehlentwicklungen früh zu identifizieren, viel zu testen und anhaltend zu experimentieren in dem Wissen: Innovationen sind ergebnisoffen, sie beinhalten das Scheitern, erfordern kleine erste Schritte, verlangen Mut, Frustrationstoleranz, Anpassungsvermögen und psychologische Sicherheit. Nicht die Fehler im Entstehungsprozess sind hier die größte Gefahr. Die größte Gefahr ist die, dass ein Anbieter irrelevant wird, weil die Mitarbeitenden sich nichts trauen.

>> **Fehlertyp 3:** Das sind Fehler, die nicht toleriert werden können, wie Absicht, Nachlässigkeit und Schlamperei. Sie erfordern angemessene Konsequenzen – auch als Botschaft an alle, die einem dabei zuschauen.

Nicht Unterlassungen, sondern Versuch und Irrtum bringen weiter. Folgendes kann also in euren Leitlinien des Miteinanderarbeitens stehen: »Bei uns darf jeder Fehler machen, nur nicht den, ihn zum Schaden des Unternehmens zu vertuschen.« Denn der falsche Umgang mit Fehlern verursacht gleich fünffache Kosten:

- Aufwendungen für die fehlerhafte Leistungserstellung.
- Aufwendungen für die notwendige Mängelbeseitigung.
- Umsatzverluste durch die Abwanderung enttäuschter Kunden.
- Umsatzverluste, die aus negativer Mundpropaganda entstehen.
- Vertrauensverluste aufgrund einer schlechten Reputation.

Wo keine Fehler zugelassen werden, geht viel Zeit damit drauf, sich abzusichern. Dort stehen überall Besen herum, um den Schlamassel unter den Teppich zu kehren. Oder man redet sich Fehltritte schön. Statt Lösungen zu finden, werden »Sündenböcke« gejagt. Dieser Ausdruck geht übrigens auf das Alte Testament zurück. Bei den Feierlichkeiten zum Versöhnungsfest wurde ein Ziegenbock symbolisch mit allen Sünden des Volkes beladen und in die Wüste getrieben. So befreiten sich die Menschen von Schuld.

Versagen: Besser, ihr geht souverän damit um und entwickelt Fehlerlernkompetenz. Das bedeutet, Fehlleistungen schnellstmöglich aufzudecken, Missstände rasch zu beseitigen und gemeinsam zu besprechen, wie Fehler in Zukunft verhindert werden können. Nicht der Mensch, der einen Fehler gemacht hat, ist das Problem, sondern der Fehler selbst.

Wie ihr eine angstfreie Experimentierkultur etabliert

Jedes Unternehmen kann, soll und muss eine Aus-Fehlern-lernen-Kultur etablieren. Um diesen Prozess in die richtige Richtung zu lenken, beginnt ihr im ersten Schritt so:

- Verlange als Führende:r von deinen Mitarbeiter:innen, über schlechte Nachrichten umfassend, ehrlich und sofort informiert zu werden.
- Verpflichte deine Mitarbeiter:innen dazu, dir, wenn nötig, zu widersprechen, und lobe sie dafür vor aller Augen.
- Bedanke dich als Führende:r ausdrücklich bei denen, die ihre Fehler zügig offenlegen oder schlechte Botschaften überbringen.
- Sanktioniere, wenn Gravierendes gezielt verheimlicht wird, wenn grobe Fehler vertuscht wurden oder wenn offensichtlich gelogen wird.
- Bitte deine Mitarbeiter:innen, dich auf deine Fehler hinzuweisen sowie unpopuläre Themen und »heilige Kühe« anzusprechen.
- Sprich selbst über Fehlversuche, die dir unterlaufen sind. Sei dabei offen und ehrlich. Eine Showeinlage wird schnell enttarnt und zerstört Vertrauen.

In einem Klima ohne eine solche Kultur nehmen Katastrophen mit millionenschweren Schäden schnell ihren Lauf: Jeder weiß, dass der Chef auf dem Holzweg ist, aber keiner hat die Traute, ihm das zu sagen. In Krankenhäusern sterben Menschen, weil niemand sich dem behandelnden Arzt widersetzt. Flugzeuge sind abgestürzt, weil der Co-Pilot keinen Widerspruch wagte. Unternehmen gehen bankrott, weil niemand bei Missständen Alarm schlägt. Ja, falsch verstandene Loyalität hat oft die übelsten Folgen. Nur wer den Oberen, wenn nötig, auch mal die Meinung geigt, tut ihnen gut. Insofern ist es die Pflicht eines Unternehmens, diejenigen, die unverblümt ihre Meinung sagen, zu schützen. Nur so kommt ihr an die Ursachen tief sitzender Probleme heran.

Zudem muss es immer auch darum gehen, welche internen Strukturen und Prozesse individuelles Versagen erst möglich gemacht haben, statt nur oberflächlich an Symptomen herumzudoktern. Fehler werden nämlich gerne personalisiert. Sind aber »der Huber« oder »die Müller« schuld, kann die Organisation selbst nichts lernen. Wo etwa das Zugeben von Verfehlungen zu unangenehmen Gesprächen, zu Gesichtsverlust oder sogar zu Sanktionen führt, da werden Fehler ja wohl besser kaschiert. Wer persönliche Risiken eingeht, indem er auf einen Fehler aufmerksam macht, wird sich trotz aller Ermunterungen nicht outen. Das Resultat: Die gleichen Fehler passieren wieder und wieder. Und mutige Innovationen können erst gar nicht entstehen.

Ergo: Schon allein aus Gründen des Selbstschutzes ist das Fehlerverschweigen für Mitarbeitende oft die bessere Wahl. Für ein Unternehmen hingegen wäre es das Beste, alle Mitarbeiter:innen würden ihre Fehler – und dabei besonders die gravierenden – schnellstmöglich offenlegen. So müssen alle Hebel in Bewegung gesetzt werden, um ein Vertuschen oder Verschleppen von Fehlern abzustellen. Schadensbegrenzung durch Früherkennung ist besser. Über Fehler offen zu sprechen kann neue Fehler verhindern. Schnell aus Fehlern zu lernen, steigert nicht nur das Können, es bewahrt die Beschäftigten auch vor wiederholten Scheitererfahrungen. Diese führen nämlich dazu, dass die Menschen den Glauben an ihre eigene Wirksamkeit verlieren.

»Wir wollen Fehler schneller als alle anderen machen«, sagt Daniel Ek, der Gründer von Spotify. Dort gibt es sogenannte Fail-Walls, auf denen für alle sichtbar die letzten Fehler und die Lernergebnisse daraus beschrieben werden. Das könnt ihr auch. Macht eure Lernfortschritte transparent. Erstellt dazu eine Übersicht, zum Beispiel an einer Wand im Mitarbeiterbereich. Gebt ihr einen flotten Namen, etwa »Unser Lern-Logbuch«. Schreibt darauf die Patzer, die passiert sind und welche Lösungen ihr gefunden und umgesetzt habt. Für den Fall, dass Fragen zum Vorgehen kommen, wird ein Ansprechpartner notiert. Im weiteren Verlauf kann daraus ein onlinebasiertes Patzer-A-bis-Z oder ein Lern-Wiki entstehen, das bereichsübergreifend zugänglich ist, damit Verbesserungen nicht immer wieder neu entwickelt werden müssen.

Unser Lern-Logbuch		
Patzer	Gefundene Lösung	Ansprechpartner

Abb. 22: In einem Lern-Logbuch werden Fehler-Lernergebnisse dokumentiert.

Erfolgreiche Unternehmen erkennt man auch daran, was nach dem Scheitern passiert. Geht ihr lieber zurück auf altbekanntes Terrain? Oder exploriert ihr weiter im Neuland? Wer wie beim Tennis zwei Aufschläge hat, kann beim ersten mutiger sein und versuchen, das Spiel sofort für sich zu entscheiden.

Vor allem Übermorgengestalter, Pioniere und Zukunftsmacher brauchen eine Schutzzone für ihre innovativen Gedanken, Enklaven für den gefahrlosen Meinungsaustausch und Versuchslabore für neuartiges Tun. Nur dann kann sich ihre Kreativität voll entfalten. Andererseits müssen sie hie und da eingebremst und wieder eingefangen werden, da sie sich in ihrem Übereifer auch schnell mal vergaloppieren.

So gibt es bei Gore, Hersteller von Textilprodukten wie Gore-Tex, ein Prinzip namens Waterline. Es besagt: Man bohrt keine Löcher unterhalb der Wasserlinie in ein Boot, in dem alle sitzen. Wie man dem vorbeugt? Jeder Mitarbeitende hat die Pflicht, sich Rat bei erfahrenen Kollegen zu suchen, bevor er etwas unternimmt, was »unter die Wasserlinie« geraten könnte. So entsteht im gesamten Unternehmen ein Erfahrungsnetzwerk, in dem man sich vertrauensvoll austauschen kann. Dies hilft ungemein, nicht nur die Professionalität eines Einzelnen zu steigern, sondern auch die Professionalität des Unternehmens auf immer neue Level zu heben.

#24 Hyper, hyper: So gewinnt ihr die Kunden von morgen

Es war einmal ein Softwarehaus, das sich als technologisch führender Lösungsanbieter verstand. Voller Stolz hat es laufend neue Produkte erschaffen und Lösungen für Probleme entwickelt, die niemand hatte. Jede Neuerung wurde von der Konkurrenz sofort kopiert, jede Zertifizierung rasch übertrumpft. Die Kunden konnten den neuen Versionen und Funktionen bald kaum mehr folgen. Großteils hatten sie dafür auch keinen Bedarf. Eine eingehende Analyse der Kundenbedürfnisse ergab schließlich, dass eine ganz andere Art Unterstützung benötigt wurde: Individualisierte Lösungen zusammen mit begleitenden Schulungen rund um den Einsatz der Software waren für die Kunden viel entscheidender als alle paar Monate ein neues Feature. Dies hat das Selbstverständnis des Anbieters komplett verändert. Früher hieß es: »Wir bieten die beste Technik und sind Vorreiter in unserem Marktsegment.« Nun heißt es: »Wir helfen unseren Kunden, ein erfolgreiches Geschäftsmodell zu betreiben, indem wir die passenden Lösungen aufbauen und im Einklang mit den Kunden optimieren.«

Dieser Anbieter hat es geschnallt: Pure Technologie kann allenfalls kurzfristig begeistern. Zudem ist Technologie nicht-exklusiv. Deshalb ist sie schnell imitiert. So sorgt sie bestenfalls nur sehr temporär für einen Wettbewerbsvorteil. Auch Produkte per se sind ruckzuck kopiert. Zudem sind sie leicht vergleichbar. Hierdurch geraten sie sofort in den Preiswettbewerb. Und im Preiswettbewerb verliert jedes Produkt sein Charisma. Personalisierte Servicemomente hingegen sorgen für Differenzierung, für Individualisierung, für Aufpreisbereitschaft und einen Zuwachs an Loyalität.

Früher hatten alle die gleiche Schallplatte, heute hat jeder seine ganz persönliche Playlist. Will heißen: Kunden wollen keine Massenprodukte und Gleichmacherei, sondern Originalität, Unikate und Servicedesign. Emotionalisierung, Erlebnisse und ein ganz persönlicher Lifestyle gewinnen immer mehr an Bedeutung. Wer alles für jeden macht, wird gewöhnlich. Und gewöhnlich ist das Gegenteil von begehrlich. Das Besondere, Betörende, Bemerkenswerte hat eine bessere Zukunft.

Zudem sind die Kunden ständig absprungbereit. Neues wird laufend getestet. Wechseln ist völlig normal. Zu jedem Angebot gibt es heute interessante Alternativen, die im Web mit wenigen Klicks erreicht werden können. So fallen »solide« Leistungen und Beliebigkeit gnadenlos durch. Standard und Mittelmaß locken niemanden mehr. Top-Performance, smarte Lösungen, digitalisierte Dienstleistungen und eine personalisierte Beziehungsarbeit ergattern die »Stimmzettel« wertiger Kunden.

Was Kunden von einem Anbieter wünschen, wollen, erwarten? Vor allem dies:

- Mach es so einfach wie möglich.
- Mach den Zugang möglichst bequem.
- Gib mir die bestmögliche Lösung.
- Gib mir diese so schnell wie möglich.
- Gib mir Hilfe, wenn ich sie brauche.
- Gib mir bei alldem ein gutes Gefühl.
- Mach, dass ich es weitererzählen kann.

Das heißt im Consumerbereich: Mach, dass es mir besser geht. Und im Geschäftskundenbereich: Mach, dass ich erfolgreicher werde.

Hyperservice, Hyperpersonalisierung und Hyperrelevanz spielen dabei eine ganz entscheidende Rolle. Interaktivität und eine maximale Digitalisierung sind unerlässlich. Zudem muss alles hyperschnell funktionieren.

Hyperservice: Auf der Extrameile gibt es wenig Gedränge

Menschen kaufen keine Produkte, sondern Problemlösungen – und gute Gefühle. Was ist demnach zu ergründen? Der Sinn und Zweck eurer Angebote *für die Kunden*. Zum Beispiel: Niemand interessiert sich für die Zusammensetzung eines Parfums, aber wir wollen alle gut riechen. Solche Erkenntnisse können nur dann gelingen, wenn ihr euch von der Anbieter- auf die Nachfrageseite begebt. Aus dem Blickwinkel der anvisierten Zielpersonen wird betrachtet, welche »Customer Experiences«, also Erfahrungen und Erlebnisse die Anbieterleistungen bieten können und sollen. So wird das Produkt zu einem Dienst am Kunden. Aus Herstellern werden herstellende Dienstleister, die alles digitalisieren, was digitalisiert werden kann. Weit weg von den branchenüblichen 08/15-Standards wird das neue Service Design wie maßgeschneidert »am Kunden« entworfen. Dabei geht ihr in drei Richtungen vor:

>> **Pre-Sales-Service:** Statt mit banaler Eigenwerbung zu nerven, wird nutzwertiger Content offeriert. Er beinhaltet wertvolle Informationen, die Interessenten und Kunden dabei helfen, eine bessere Kaufentscheidung treffen zu können. Überlegt mal gemeinsam: Was könnte das sein? Was ist hilfreich – und zugleich Kompetenzbeweis? In einem Fall hat man dem jungen Einkaufsleiter, der erstmals eine Ausschreibung organisieren musste, ein hilfreiches E-Book mit dem Titel »10 Punkte, die bei einer Ausschreibung zu beachten sind« zur Verfügung gestellt. Und der Geschäftsführer, die graue Eminenz, die nie mit am Verhandlungstisch sitzt, erhielt einen hochwertigen Anwenderbericht mit Wirtschaftlichkeitsdaten. Beides konnte überzeugen.

>> **On-Sales-Service:** Rund um den Kauf macht ihr euren Kunden alles so einfach wie möglich. Diejenigen, die den Käufern altertümliche, umständliche und beschwerliche Verfahrensweisen aufbürden, werden zunehmend vom Markt verschwinden. Auch die, die unsere wertvolle Zeit verplempern, weil sie so langsam agieren, fallen durch den Rost. Was kompliziert ist, scheidet genauso aus wie alles, was Probleme macht. Die Geduld ist schnell zu Ende, wenn was nicht gleich reibungslos klappt. Muss der Kunde länger auf eine Bestellung warten, braucht es ein Tracking-System, wie wir es von Online-Käufen längst kennen. Außerdem gilt es, die Kaufreue zu besiegen. Das sind letzte kleine Zweifel, ob eine Entscheidung tatsächlich die richtige war. So hinterlässt ein

Möbelhändler nach der Montage einer Küche eine »Naschlade«. In einer Schublade werden leckere Süßigkeiten versteckt, die der Kunde wenig später überraschend entdeckt. Man stelle sich das Hallo vor, wenn die Familie Kinder hat.

>> **After-Sales-Service:** Hier sorgt eine herausragende, höchstmöglich individualisierte Bestandskundenrundumbegleitung dafür, dass die Nutzungserfahrung zu Wiederkauf und Weitersagen führt. Assistenz auf Abruf wird dabei zunehmend wichtig. Digitale Unterstützung ist höchst willkommen. Doch auch die menschliche Komponente bleibt von hoher Bedeutung. Am besten sorgen Anbieter proaktiv dafür, dass Probleme erst gar nicht entstehen. Es geht also nicht um Störungsbeseitigung im Fall des Falles, sondern um Störungsvermeidung. Predictive Maintenance, die Wartung, bevor etwas ausfällt oder kaputtgeht, ist eines der Einsatzgebiete. Das kann auch remote stattfinden, ohne also überhaupt vor Ort sein zu müssen. Hierzu werden Echtzeitdaten genutzt, um Service-Prognosen für die nahe Zukunft zu erstellen.

»Liquid Expectations« ist ein weiteres wichtiges Schlagwort. Es bedeutet: Nicht der Servicelevel, der in einer Branche als üblich gilt, sondern der beste Service, den ein Kunde je erlebt hat, wird seine zukünftige Messlatte sein. Will heißen: Den Service, den man als Kunde bei Firma X erhält, erwartet man fortan von allen Unternehmen in allen Branchen. Weil Firma X ja bewiesen hat, dass es geht.

Zum Beispiel heißt es bei Amazon: »Wenn du ein Problem mit uns hast, brauchst du nicht in unserer Warteschleife zu hängen, bis wir Zeit für dich haben. Wir rufen dich vielmehr zurück, und zwar sofort, oder, wenn dir das lieber ist, erst in 15 Minuten.« Und es klappt. Der Rückruf, den ich wollte, kam nach exakt 15 Minuten. In unserer zunehmend durchdigitalisierten Welt beginnt die Kundeninteraktion fast immer und endet oft mit einem digitalen Erlebnis. Insofern sind – selbst im digitalsten Unternehmen – folgende Fragen elementar:

- Bis wohin akzeptiert oder präferiert der Kunde automatisierte Prozesse und künstliche Mitarbeiter?
- Ab wann und bei welchen Themen ist es unabdingbar, menschliche Mitarbeiter:innen einzuschalten?

Hyperpersonalisierung: Weil jeder Kunde einzigartig ist

Hyperpersonalisierung impliziert, dass ein Unternehmen entlang der gesamten Customer Journey auf die individuellen Bedürfnisse und Vorlieben seiner Kunden eingeht. Das umfasst nützliche Informationen, relevante Angebote, ausgezeichnete Erfahrungen und angenehme Erlebnisse über die gesamte Kaufreise hinweg. Dies kann aber nur dann gelingen, wenn ihr eure Kunden wirklich gut kennt. Online-Shops sind hierfür perfekt. KI-basiert nutzen Shops Bestellverläufe, Wunschlisten, Kaufabbrüche, Bewertungen, Retouren und vieles mehr, um die Kunden immer besser zu verstehen und passgenauere Angebote zu unterbreiten. Im Endkundengeschäft ist das längst Usus.

Viele B2B-Anbieter haben zu ihren Endkunden jedoch keinen Kontakt, weil sie über Mittler verkaufen. Wie will man ohne direkte Tuchfühlung wissen, was die Kunden wünschen, wollen und zukünftig brauchen? Man stochert quasi im Nebel – und liegt oft ziemlich daneben. E-Commerce ist der Ausweg aus diesem Dilemma – und somit auch im B2B zwingend. Ergo: Die Grenzen zwischen B2B und B2C verschwimmen. Hier wie dort verlagern sich Suchverhalten, Kaufprozesse und Medienkonsum über Mobilgeräte zunehmend ins Web. In immer mehr Branchen führen die Anbieter ihre Kunden online bis zum Abschluss: auf der eigenen Website und / oder auf seriösen Fremdportalen, den Außenposten der Firmen im Cyberspace. »D2C«, also »Digital to Customer« oder auch »Direct to Customer« ist das Schlagwort dafür. Nur komplexe Probleme erfordern noch eine persönliche Beratung – wenn *der Kunde* das will.

Hyperpersonalisierung bedeutet darüber hinaus: Abschied von Standardprozessen und Handlungsanleitungen, die intern vorgeben, wer was wann und wie zu tun hat. Diese können zwar helfen, gravierende Fehler zu vermeiden, andererseits halten sie die Mitarbeiter davon ab, ihre Sache richtig gut zu machen. Regeln sind letztlich Verbote, sie engen ein. Sie sagen, was alles nicht passieren soll und was man nicht machen darf. Zum Beispiel löst eine Reklamation notwendigerweise einen Arbeitsauftrag aus, das ist die Regel. Wenn sich hingegen ein Kunde lobend bedankt, passiert größtenteils nichts, weil es dafür kein Prozedere gibt, zumindest nicht offiziell. Wie dumm!

Zudem sind Standardprozesse meist veraltet, weil sie *nicht* überarbeitet und *nicht* an die sich ständig wandelnden Kundenbedürfnisse angepasst werden. Das heißt: Sie lösen Kundenprobleme von gestern. Und sie lösen Probleme von Standardkunden. Für die zunehmend individuellen Anforderungen der Kunden von heute und morgen passt das meistens nicht. In unserer Hochgeschwindigkeitszukunft ändert sich zudem alles dermaßen schnell, dass gar keine Zeit bleibt, Standards permanent anzupassen.

Klar muss Qualität nach unten hin abgesichert werden und gesetzlichen Vorgaben entsprechen, damit nichts entgleitet. Zudem gilt es, den Kunden Enttäuschungen zu ersparen. Dies markiert die »Null-Linie der Zufriedenheit«. In Zufriedenheit steckt Friede, also kein Ärger, kein Stress. Mehr aber auch nicht. *Nur* zufriedene Kunden sind schweigsame Kunden. Sie tadeln nicht, sie loben auch nicht. Und genauso still machen sie sich, sobald ein attraktiveres Angebot in ihr Blickfeld gerät, auf und davon. Um Hyperrelevanz zu erzeugen, um Kundentreue zu sichern, um positive Mundpropaganda auszulösen und zum Übermorgenmacher zu werden, braucht es den individuellen Spielraum der Begeisterungszone. Hier entstehen die Wow-Momente.[53]

Hyperrelevanz: Macht euch verführerisch wie Schokolade

Hyperrelevanz genießen nur Unternehmen und Marken, an denen man einfach nicht vorbeikommt. Sie bieten eine derart unwiderstehliche Leistung, dass Kunden »meilenweit laufen«, um stolzer Nutzer oder Besitzer zu sein. Marotten und Patzer werden verziehen, man ist ja Fan. Missionarisch trägt man alles rund um seine »Lovemark« hinaus in die Welt. »Peertalk«, also das, was Gleichrangige sagen, wird vor allem für die jüngere Generation zum eigentlichen Wegbegleiter und Kaufberater.

Der beste Indikator für Hyperrelevanz: Das sind die Namen der Marken, die immer dann fallen, wenn es um etwas Bedeutsames geht. Sie erzeugen Hyperrelevanz in ihrer Kategorie und genau in der Zielgruppe, die sie für sich erschließen wollen. Hyperrelevante Leistungen,

Lösungen und Produkte sind überaus nützlich, anderen beispielhaft überlegen, dem Üblichen weit voraus. Sie sind identitätsstiftend – und deshalb *nicht* preissensibel. Man kann und will auf sie nicht verzichten. Oft sind sie fesselnd, betörend und faszinierend, geradezu behaftet mit einer gewissen Magie.

Unternehmen, die erfolgreich in Hyperrelevanz investieren, tun vor allem drei Dinge:

- Sie verstehen die Kundenbedürfnisse an jedem beliebigen Punkt im Kauf- und Nutzungsprozess und entwickeln möglichst individuell passende Lösungen.

- Sie beseitigen alles, was das Wohlwollen der Kunden gefährden und/oder unangenehme Kauf- und Nutzungserlebnisse hervorrufen könnte.

- Sie agieren nachhaltig, adaptiv und agil, investieren in maximal digitalunterstützte Abläufe und gehen vertrauenswürdig mit den Daten ihrer Kunden um.

Das klingt beinahe trivial. Doch schaut man genauer hin, ist das Gegenteil meistens der Fall. Die Kunden sollen sich gefälligst in die von den Anbietern vorgedachten Abläufe fügen, umständliche Formalien akzeptieren, mit begriffsstutzigen Chatbots parlieren und im Takt ihrer altersschwachen Software ticken. Heißt: Die Klientel soll ackern, damit man selbst nicht so viel Arbeit hat und/oder Kosten spart. Manche Unternehmen sind richtig gut darin, Vorgehensweisen mühsam zu machen, einem die Zeit zu stehlen und schlechte Gefühle zu verbreiten. Frustriert wendet sich der Kunde ab, erzählt davon im Web und hält so potenzielle Kunden vom Kaufen ab.

Herausragende Customer Experiences werden nicht nur von den Mitarbeiter:innen im direkten Kundenkontakt erzeugt. Denn ein Kunde nimmt das Unternehmen immer ganzheitlich wahr. *Jeder* in der Leistungskette, selbst ein hinzugezogener Externer, muss einen perfekten Job machen. Alles hängt eng miteinander zusammen. Du kannst der beste Verkäufer aller Zeiten sein und mit Volldampf dein Bestes geben, wenn eine Genehmigung auf sich warten lässt, der Zentraleinkauf notwendige Teile nicht in time besorgt, die Endkontrolle schlampt oder die Auslieferung sich heftig verzögert, dann war's das. Vertriebserfolge scheitern oft gar nicht an mangelnder Kompetenz, sie scheitern an der internen Organisation. Silobasierte Strukturen und überholte Prozesse sind der größte Hemmschuh auf dem Weg zum glücklichen Kunden.[54]

Darüber hinaus kann jede schlechte Kauferfahrung, jedes miese Serviceerlebnis, jedes ungelöste Kundenproblem zu einem Einfallstor für Disruptoren werden. Somit ist eine interdisziplinär synchronisierte Zusammenarbeit heute ein Muss. Und das »Vom Kunden her denken« wird zur Pflicht. Das ist doch völlig normal? Nein, ganz und gar nicht:

>> **Company-first-Unternehmen** praktizieren das selbstzentrierte alte Unternehmertum, das fragt nämlich so: »Was bieten wir dem Markt und den Kunden wann, wo und wie, damit wir noch erfolgreicher werden und mehr verdienen?«

>> **Customer-first-Unternehmen** sind die Unternehmen der Zukunft, sie fragen so: »Was will und braucht der Kunde, und wie können wir helfen, seine Lebensqualität respektive seinen beruflichen und/oder geschäftlichen Erfolg zu erhöhen?«

Erst der Kunde, dann die interne Effizienz! Zum Beispiel muss man auf allen Wegen erreichbar sein, die die Kunden nutzen wollen, sodass diese frei wählen können. Dabei zählt nicht nur das Funktionale. Immer geht es auch um Emotionen, denn diese laufen einer Entscheidung voraus. Jede Erfahrung wird somatisch markiert, erzeugt also ein positives oder negatives Minigefühl. Und dieses flammt auf, wenn es zum nächsten Kaufwillen kommt. Was ein Anbieter lauthals verspricht, muss also nicht nur erfüllt, sondern im Idealfall noch überboten werden. Erwartung plus x ist das Schlagwort dafür.

Ist ein Kunde enttäuscht, wird er euch dafür bestrafen: mit Unbequemlichkeiten, Nörgeleien, verschärften Reklamationen, anspruchsvollen Forderungen, Kaufpreisminderung, Rechnungskürzung, Fahnenflucht, übler Nachrede und/oder Sabotage. All das tut er mit hohem Zerstörungsdrang. Sein Motiv? Rache! Vergeltung für empfundenes Unrecht! Solches Empfinden ist immer subjektiv – und es kann eine Menge Zerstörungswillen entfalten. Verstärkt wird dabei *der* »Anwalt«

gewählt, der am meisten Druck machen kann: die digitale Öffentlichkeit.

Ist ein Kunde hingegen hellauf begeistert, wiederholt er diese Erfahrung gern. Kommt für Herz und Seele noch eine Prise »Sternenstaub« in Form eines emotionalen Details hinzu, weckt dies ein heftiges Habenwollen. Dann ist man blind und taub für den Wettbewerb. Dann wird man zum Fan, zum Fürsprecher und Meinungsmacher. Dann empfiehlt man euch weiter, wo es nur geht. Ich nenne das den »Rosarote-Brille-Effekt«.

Um diese Emotionalität sichtbar zu machen, die Painpoints zu eliminieren und die Lovepoints weiter zu stärken, empfehle ich folgende Vorgehensweise: Spielt zunächst Blickwinkelwechsel. Versetzt euch in die Lage eines Kunden, der so richtig sauer (über eure Firma) ist. Und dann versetzt ihr euch in die Lage eines Kunden, der voll und ganz happy ist. Danach werden alle Touchpoints, die Berührungspunkte zwischen Anbieter und Kunden, auf ihre Enttäuschungs-, Okay- und Begeisterungsfaktoren hin analysiert. Setzt euch dazu regelmäßig zusammen und untersucht euer Vorgehen (mithilfe der Kunden) an den einzelnen Touchpoints so:

- Was ist enttäuschend? (= Was wir keinesfalls tun dürfen.)
- Was ist okay? (= unser Minimum-Standard, die Null-Linie der Zufriedenheit)
- Was ist / wäre begeisternd? (= Was wir bestenfalls tun können.)

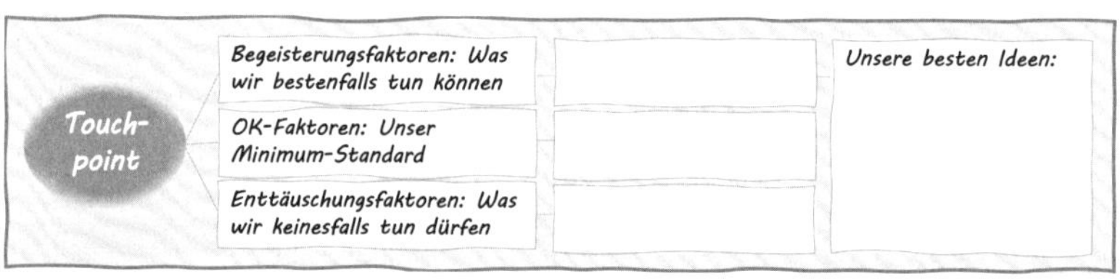

Abb. 23: Alle Touchpoints werden auf ihre Enttäuschungs-, Okay- und Begeisterungsfaktoren hin analysiert.

Um schnell an gute Ideen zu kommen, helfen wiederum die »magic3«. Stellt eine der drei folgenden Fragen mindestens drei Kollegen:

>> **Die Sternenstaubfrage:** Welches sind die drei verrücktesten / emotionalsten/kühnsten Ideen, mit denen wir unsere Kunden begeistern könnten?

>> **Die Trüffelschweinfrage:** Welches sind die drei innovativsten Tools, die wir zwecks besserem Service schnellstmöglich einführen sollten?

>> **Die Killerfrage:** Wenn es einen Sensenmann gäbe, welches wären, mit Blick auf unsere Kunden, die drei nervigsten Dinge, die er dahinraffen sollte?

Entscheidet euch rasch für eine erste, zweite, dritte daraus entwickelte Maßnahme und setzt sie testweise in den nächsten drei Wochen um.

Eins meiner Lieblingsbeispiele in diesem Kontext geht so: Ein kleiner Bub vermisst sein Lieblingsstofftier, eine Giraffe namens Joshie. Die Familie war Hals über Kopf aus dem Ritz Carlton Amelia Island in Florida abgereist – versehentlich ohne das Kuscheltier. Schlimm, wie jeder weiß, der Kinder hat. Ein paar Tage später kam Joshie per Päckchen wohlbehalten wieder nach Hause, zusammen mit einem liebevoll zusammengestellten Fotoalbum. Was für eine Überraschung! Es zeigte die Abenteuer der kleinen Giraffe bei ihrem ungeplant verlängerten Hotelaufenthalt: Joshie mit Sonnenbrille auf einem Liegestuhl am Pool, Joshie bei einer Massage im Spa, Joshie zusammen mit dem Hotelpapagei Amelia, Joshie, wie sie im Hotel mitarbeitet. Mit wenigen Mitteln haben die Hotelmitarbeiter:innen nicht nur dem kleinen Gast, sondern der ganzen Familie ein einzigartiges Erlebnis geschenkt – und selbst sicher auch eine Menge Spaß gehabt.

#25 Zukunftsbilder: Liebe Zukunft, was hast du für uns parat?

Für die Zukunft können wir aus den Wirtschaftsannalen einiges lernen. So löste einst auf den Weltmeeren das Dampfschiff das Segelschiff ab. Kein einziger Hersteller von Segelschiffen meisterte diesen Technologiesprung. Ganz im Gegenteil: Die Alteingesessenen versuchten, der neuen Antriebskraft mit mehr Segeln Paroli zu bieten, statt die Sache ganz und gar neu anzugehen. Und das ist fast überall so. Die Glühbirne wurde nicht von einem Kerzenhersteller, das Auto nicht von einem Postkutschenbauer, iTunes nicht von der Musikindustrie, das internetbasierte Bezahlen nicht von einer Bank erfunden. »Kacheln im Handy? Die Leute wollen telefonieren«, war sich ein Nokia-Oberster sicher. Er hatte keinerlei Vorstellungskraft, wozu »diese komischen Kacheln« gut sein könnten. Am Ende waren 60 Prozent Weltmarktanteil und 50 000 Arbeitsplätze futsch. Geschichten wie diese gibt es, wie jeder weiß, leider unendlich viele. Doch die meisten Unternehmer glauben, wenn ich sie frage, *ihnen* könne das nicht passieren. Sie lachen über Nokia und merken nicht, dass sie selbst das nächste Nokia werden können.

Wieso das passieren kann? Der etablierte Anbieter ist Experte für eine Technologie, sagen wir Segelschiffe. In seinem Unternehmen arbeiten lauter Segelbau-Experten, doch kein einziges Talent für den Antrieb mit Dampf. Wird dieser Anbieter nun angegriffen, verstärkt er seine Anstrengungen in seiner Kernkompetenz, wird also mehr vom Alten noch besser machen, weil es das Einzige ist, was er kann. Zudem wird er die Stärken des Neuen herunterspielen, weil er sie selbst nicht hat – oder, schlimmer noch, weil er sie nicht mal als solche erkennt.

Dieses Spiel gewinnt der Angreifer immer, wenn seine Technologie fortschrittlicher ist. Hochmütig werden dessen Attacken zu Beginn unterschätzt, als unausgegoren verhöhnt, als marginal verharmlost, gehässig als Kleinkram verspottet und als bedeutungslos ignoriert. Selbstherrlich wird das »junge Gemüse« mit Zynismus bedacht, bis es – Überraschung! – zu spät ist. »Jetzt kaufen unsere Kunden doch tatsächlich bei diesen Jungspunden ein. Hätten wir nicht gedacht. Da müssen wir uns aber bald mal was einfallen lassen.« Zu spät. Selbst mit Geldgeschenken sind die Nicht-mehr-Kunden nicht mehr zu locken. »Ein neuer Gedanke wird zuerst verlacht, dann bekämpft, bis er nach längerer Zeit als selbstverständlich gilt«, konstatierte schon Arthur Schopenhauer.

Die neuen Player der Wirtschaft begeben sich erst gar nicht auf Aufholjagd. Sie versuchen auch nicht, alte Technologien aufzupeppen. Sie überspringen sie einfach. Herkömmliche Branchengesetze sind ihnen komplett egal. Gewohntes wird radikal infrage gestellt. Unbekümmert kreieren sie die Dinge völlig anders und neu. Dabei entstehen Innovationen, die die Welt so umfassend verändern wie niemals zuvor. Mit Nischengespür ergreifen sie jede Chance, die sich durch die voranschreitende Digitalisierung ergibt.

Superagil, vielseitig interessiert, global geprägt, digital fit und ständig auf der Suche nach guten Ideen erkennen forsche Disruptoren Potenziale blitzschnell, können Marktdifferenzen rasch identifizieren und Lösungen ganz neu kombinieren. Sie sind Zukunftsversteher. Und Transformationsexperten per se. So haben sie, von tradierten Modellen gänzlich entkoppelt, längst eine Parallelwelt erschaffen, die sich der Old Economy, wenn überhaupt, höchstens ansatzweise erschließt.

Der digitale Umbruch fegt fast alle vertrauten Spielregeln hinweg. Früher dominierten berechenbare Absatzmärkte, die man planmäßig steuern und abschöpfen konnte. Doch diese Zeiten sind vorbei. »Steuerung und Regelung sind gebunden an Stabilität, an die Vorhersagbarkeit zukünftiger Entwicklungen«, schreibt der viel zu früh verstorbene Systemforscher Peter Kruse in *Next Practice*, und auch: »Für die Zukunft wird offenbar eine nächste Stufe der organisatorischen Intelligenz erforderlich: die Bildung von horizontalen, hierarchie- und bereichsübergreifenden Netzwerken, in denen Einzelne und Teams in freier Dynamik miteinander kooperieren.«[55]

Szenarien für den Fall der Fälle entwickeln

Zukunftsbilder kreieren? Für welche Zukunft denn überhaupt? Alle Dinge, die wir heute nutzen, waren einmal Utopie. Denn niemand, wirklich niemand kennt die Zukunft. Doch wir versuchen, ihr die Ungewissheit zu nehmen, indem wir Hypothesen erstellen für eine Zeit, die noch nicht da ist. Denken wir uns zunächst in den langfristigen Zeithorizont rein. Mithilfe wissenschaftlicher Methoden haben namhafte Consulting-Firmen, Futurologen und Zukunftsforscher Szenarien für eine Vielzahl von Technologien und Industrien entwickelt, die teils kostenlos auf deren Webseiten abrufbar sind, zum Beispiel auf www.zukunftsinstitut.de, www.zukunft.business oder www.future-managementgroup.com.

Solche Szenarien sind keine Prognosen, sondern spekulative Zukunftsbilder, die zum Nachdenken anregen sollen. Indem ihr euch damit befasst, springt ihr raus aus der Filterblase eurer eigenen Wahrnehmung und bleibt kontinuierlich an den Trendthemen dran. Jährliche Strategiemeetings reichen längst nicht mehr aus. Dreimonatige Updates sind Minimum, damit das Neue im gesamten Unternehmen Fuß fassen kann.

Um eigene Zukunftsbilder zu entwickeln, müsst ihr euch auf verschiedene Zukünfte vorbereiten – und all die dann wirkenden Veränderungskräfte einkalkulieren. Zunächst wird eine Ausgangsfrage formuliert. Zum Beispiel klingt die eines österreichischen Bauträgers so: »Wie sieht die Lebenssituation Wohnen mit Blick auf Digitalisierung und Klimaaspekte in 20 Jahren in Wien aus und welche Einflüsse werden auf Bauträger, Hausverwaltungen und sonstige Teilnehmer im Immobilienmarkt wirken?«[56] Damit ist auch schon die Zeitachse definiert, die natürlich von Fall zu Fall kürzer sein kann.

Trendanalysen, Online-Recherchen, Insights aus fortschrittlichen anderen Branchen, Gespräche mit Zukunftsexperten und denen, die die neuen Technologien treiben (die, die ich eingangs U0-Unternehmen nannte), bilden die Grundlage für die Vorausschau. Wen ihr *nicht* befragt: Kunden und C-Level-Leute (CEO, CFO, CMO usw.) im eigenen Haus. Kunden können zwar sagen, was ihnen heute fehlt, aber nicht, was sie in beispielsweise zehn Jahren wollen werden. Sie sind, genauso wie C-Level-Leute, keine Experten für Zukunftstechnologien und können deshalb keine Prognosen abgeben.

Auf dieser Basis empfehle ich, vier Szenarien zu entwickeln:

- ein Beste-aller-Welten-Szenario,
- ein Etwas-besser-als-heute-Szenario,
- ein Etwas-schlechter-als-heute-Szenario,
- ein Schlimmster-Alptraum-Szenario.

Beschäftigt euch selbstkritisch auch mit Fragen wie diesen:

- Was sind unsere wunden Punkte? Wo sind wir besonders angreifbar? Wer kann uns vom Markt fegen? Was bringt unser Unternehmen um?
- Für welches Produkt, welchen Service oder welche Innovation würden die Kunden uns ganz sicher verlassen? Und wann würden sie bleiben?
- Welcher Trend hat das größte Potenzial, unser derzeitiges Geschäftsmodell zu entwurzeln? Und was können wir dagegen tun?
- Was hindert uns am meisten daran, das Umsetzbare schnellstmöglich anzugehen? Und wie schaffen wir solche Barrieren aus dem Weg?

Anschließend erstellt ihr ein Unternehmenszielbild. Hieraus werden dann strategische Maßnahmen abgeleitet. Die Suche nach zukünftigen Wachstumsfeldern kann gar nicht früh genug beginnen. Und für den Krisenfall ist es extrem wichtig, einen operativen Wenn-dann-Aktionsplan in der Schublade zu haben.

Ökosysteme sind Chancenfelder der Zukunft

Die Businesswelt der Zukunft wird nicht länger eine Welt von Einzelanbietern und ihren Produkten sein, sondern eine Welt von Ökosystemen. Pate für diesen Begriff standen die Ökosysteme in der Natur, wie etwa die Biotope.

Ein unternehmerisches Ökosystem ist ein gemeinsames Netzwerk von Akteuren, die sich gegenseitig ergänzen. Sie bieten den anvisierten Käufergruppen eine Auswahl von Produkten und Services, die nahtlos miteinander verknüpft und bequem zugänglich sind. So schaffen sie im Miteinander einen höheren Kundennutzen als jeder Einzelne das könnte. Weil der Kunde alles aus einer Hand erhält und das Ganze wie aus einem Guss funktioniert, muss er das System nicht mehr verlassen. Der Schmierstoff solcher Ökosysteme sind die gemeinsamen Daten und eine digitale Vernetzung.

Die Ökosystem-Partner arbeiten auf Augenhöhe miteinander, oft auch mit ehemaligen Wettbewerbern zusammen und weit über die eigenen Branchengrenzen hinaus. Ökosysteme sind nur dann erfolgreich, wenn sie rund um die Bedürfnisse der Menschen herum entwickelt werden. Indem sie Mehrwerte für die Kunden schaffen, bringen sie allen beteiligten Partnern eine höhere Wertschöpfung. Zudem erzeugen Ökosysteme den Netzwerkeffekt: Bessere Angebote locken mehr Käufer an, diese locken mehr Anbieter an, und deren Angebote wiederum locken noch mehr Käufer an.

Beispiele für erfolgreiche Ökosysteme? Mit denen von Google, Amazon oder Apple seid ihr sicher vertraut, weil viele sich ständig darin bewegen. Es gibt sie aber auch analog, wie etwa die Nespresso- und die Lego-Welt – oder das rund um das Hundewohl konzipierte Ökosystem von Fressnapf. Ein absoluter Champion ist das Ökosystem des iPhone, eine Jahrhundert-Innovation. Es ist nicht im Silodenken der Telefonie entstanden, sondern an der Schnittstelle von Computer, Streamingdiensten und Internet.

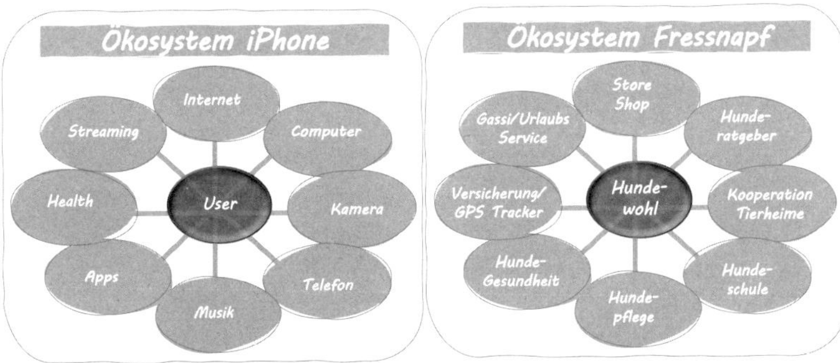

Abb. 24: Zwei ausgewählte Business-Ökosysteme

Die Verknüpfung von Disziplinen, Industrien und Technologien, verbunden mit der exponentiellen Zunahme von Rechenleistungen, lassen für Ökosysteme mehr Möglichkeiten entstehen als jemals zuvor. Zugleich sind die Kosten der zu verknüpfenden Technologien inzwischen teils dermaßen hoch, dass man sie nur noch gemeinsam mit Ex-Konkurrenten stemmen kann.

Der Ökosystem-Gedanke ist übrigens gar nicht so neu. Der schwedische Ökonom Frans Johannsson spricht dabei vom Medici-Effekt – in Anlehnung an einen bemerkenswerten Innovationsschub im Italien des 15. Jahrhunderts. Seine These: Prosperität tritt, so wie zu Zeiten der Medici-Dynastie, dort am ehesten auf, wo sich die unterschiedlichsten Perspektiven, Gewerke und Kulturen miteinander verknüpfen. Dazu braucht es Orte der Inspiration, umfassende Diversität und ein Netzwerk von Menschen mit vielfältigsten Hintergründen, die einander befruchten. Es braucht Kooperation statt Konfrontation, Orte und Zeiten psychologischer Sicherheit sowie Frieden statt Schrecken und Krieg. Und es braucht kluge Gönner, die die Besten ihres Fachs aus Philosophie, Wissenschaft, Wirtschaft, Kunst und Design um sich versammeln, ihnen Freiraum für schöpferisches Handeln geben und ihnen die erforderlichen Ressourcen zukommen lassen.

Schnittstellen sind die dynamischsten Orte für Fortschritt und Wandel. Sie gestatten einen Ausbruch aus vorherrschenden Denkmustern und etablierten Vorgehensweisen. Sie bieten beste Gelegenheiten für die Neuverknüpfung von Möglichkeiten. Sie erweitern, wie bei einer Straßenkreuzung, den Horizont. Sie lassen neue Blickwinkel entstehen. Und man kann in neue Richtungen gehen. An Schnittstellen treten überraschende, faszinierende, außergewöhnliche, bahnbrechende Ideen zutage, die den Lauf der Dinge stark beeinflussen oder sogar radikal verändern können. Sie ermöglichen das Andocken weiterer Ideen im gesamten System und zugleich die Fortentwicklung an den einzelnen Strängen.

Wer sich auf den Weg zu solchen Schnittstellen macht, wer solche Schnittstellen erschafft, wer sie findet und clever besetzt, wird quasi unschlagbar.

> Wer aus dem monokulturellen Grundgedanken von Konkurrenz und Einzelunternehmertum ausbricht, Kollaboration, Vernetzung und Co-Kreativität akzeptiert, dann multidimensionale Ökosysteme etabliert, bindet seine Kunden auf natürliche Weise, erzeugt Aufpreisbereitschaft und schafft eine große Fangemeinde, die ihrerseits enorme Multiplikatoreneffekte erzeugt.

So kreiert ihr eigene Zukunftsbilder mit Erfolg

Es sind immer die Unangepassten, die das Neue in die Welt bringen. Besser, wenn das unternehmensintern geschieht und die Disruption nicht von außen kommt. Bevor also euer Unternehmen angegriffen wird, solltet ihr euch besser selbst angreifen. Die großen Vorreiter der Digitalökonomie befassen sich permanent mit dem Thema, um nicht von jüngeren, besseren Start-ups vom Markt gefegt zu werden. Sie wollen nicht zum »toten Einhorn«[57] werden. So suchen sie ständig nach disruptiven Innovationen. »Wenn du dich nicht selbst kannibalisierst«, hat Steve Jobs einmal gesagt, »wird es ein anderer tun.« Und während wir uns ein Leben ganz ohne Handy noch gar nicht vorstellen können, bereitet sich Apple bereits auf eine Welt nach dem iPhone vor.

Fortschrittliche Unternehmen geben Innovationsprozessen sehr viel Raum. Es muss nicht gleich ein eigenes Innovation Lab oder eine Ausgründung sein. Wir wollen uns in diesem Buch ja auf die Quick Wins konzentrieren. Versucht es also einmal damit:

>> **Freitagnachmittag-Projekte:** Eigenzeit zwecks Fortentwicklung kreativer Gedanken ist unglaublich wichtig. Denn in der Hektik des Tagesgeschäfts ist meist keinerlei Platz, um sich ausgiebig mit der Zukunft des Unternehmens zu befassen. Gestattet deshalb euren kreativen Freigeistern zum Beispiel, dass sie für eine Dauer von vier bis sechs Wochen freitags nach 14 Uhr an ihren eigenen Projekten arbeiten dürfen. Lasst sie in dieser Zeit unbehelligt, verlangt auch keine Zwischenberichte. Am Ende der festgelegten Periode sollen sie unternehmerisch sinnvolle Vorschläge für das weitere Vorgehen machen. Dort, wo ein Freitagnachmittag-Konzept aus Zeitgründen nicht passt, kann man den Mitarbeitenden das Recht auf mindestens eine Stunde pro Woche für Innovationszwecke offerieren. Wer dieses Angebot nutzen will, sollte seine Ausgangsidee auf einem virtuellen Ideenmarkt präsentieren und bereichsübergreifend nach Mitstreitern suchen.

Die Digitalisierung dreht sich inzwischen dermaßen schnell, dass man ihr kaum noch mit eigenen Bordmitteln Herr werden kann. Bei immer mehr Innovationsvorhaben gehen fortschrittliche Anbieter über die Firmengrenzen hinaus und aktivieren externes Expertenwissen – vor allem das der jungen Generation, denn das ist die Kundengruppe von morgen. So haben Volvo und Lego mit einer Gruppe Kinder ein kreatives Team gebildet, um autonom arbeitende Baumaschinen der Zukunft zu erschaffen.

Die punktuelle Zusammenarbeit mit Externen und eine Öffnung der bislang internen Innovationsaktivitäten dient vielerlei Zwecken: Perspektivenwechsel, frische Impulse, Bereicherung, Neuausrichtung, Selbstdisruption. Macht es zum Beispiel so:

>> **Disrupt me-Workshops:** Bahnbrechend neue Produkte, Services oder Geschäftsmodelle lassen sich sehr gut in hausinternen »Disrupt me«-Workshops entwickeln. Dazu ladet ihr eine größere Zahl junger Menschen aus der Szene der jungen Unternehmen verschiedener Branchen zu euch ein. Aufgabe der Teilnehmer:innen ist es, nach Wegen zu suchen, um euch disruptiv zu zerstören. Hierzu stellt ihr zunächst euer derzeitiges Geschäftsmodell vor. Danach teilt ihr euch in kleine Gruppen, um Angriffsideen zu entwickeln. Die interessantesten Ideen werden zur weiteren Bearbeitung ausgewählt. Im Rahmen von Präsentationen, auch »Pitches« genannt, treten die Teilnehmergruppen gegeneinander an. Idealerweise wird bereits am gleichen Abend entschieden, was davon umgesetzt wird, damit nichts im Nirwana verschwindet.

>> **Externe Innovation Labs:** Innovative Projekte lassen sich auch mit externen Ideenschmieden zusammen entwickeln. Sie sind ein Jungbrunnen für neue Gedanken. So kann man in den InnovationLabs.Berlin ein Nano Lab buchen. Dabei stellt man zunächst das zu bearbeitende Projekt vor. Daraufhin wird eine Gruppe aus Gründern, Künstlern, Kreativen, Designern, Studierenden und Experten aus diversen Disziplinen zusammengestellt. Normalerweise würde man sich in dieser Kombination nie treffen. Doch genau das macht die richtige Mischung aus. Die jeweils individuell zusammengestellte Gruppe bearbeitet in einem Tagesworkshop das Projekt und stellt dem Kunden anschließend ihre Empfehlungen vor.

Externe sind exzellente Sparringspartner. Sie kennen keine Skrupel. Sie brauchen auf Animositäten keine Rücksicht zu nehmen. Sie müssen nicht mit Repressalien rechnen. Und bei Beharrungstendenzen bieten sie knallhart Paroli. So werden die anwesenden Manager – denen man in ihren Betrieben eher selten widerspricht – nun inhaltlich herausgefordert von Menschen, die komplett andere Blickwinkel haben und sich auf völlig andere Art an eine Aufgabe machen. Die Nachwuchsinnovatoren haben dabei oft Tools und Lösungsformate an der Hand, die den »alten Hasen und Häsinnen« nicht mal bekannt sind. So lernen diese, die Dinge ganz neu zu sehen. Sie verteidigen nicht länger ihr Territorium, sondern werden offen für Input von außen. Dies führt zu einer Horizonterweiterung und schließlich zu neuen Handlungsoptionen. Und genau das macht Wettbewerbsvorsprünge dann sehr wahrscheinlich.

Diese letzten Impulse zeigen wie alle anderen in diesem Buch:

Es braucht kühne, unkonventionelle, verheißungsvolle Ideen, um zum Überflieger zu werden. Ideen, die überaus nützlich sind und etwas zum Besseren wenden. Und dann braucht es noch dreierlei: Mut, Rückenwind und eine versierte Vorgehensweise. Also dann, liebe Weiterdenker, Freigeister, Pioniere, Innovatoren und Übermorgengestalter: Malt eure Zukunftsbilder nicht nur aus, macht euch die Bahn frei, fliegt los und bringt sie ins Leben.

Quellenangaben

(alle Links wurden am 1.12.2021 aufgerufen)

1 Sabine und Alexander Kluge: Graswurzelinitiativen, S. 192

2 Bastian Halecker: Dino trifft Einhorn, S. 119

3 https://www.zeit.de/news/2021-10/20/tesla-mit-rekord-quartalsgewinn-von-16-milliarden-dollar

4 Wirtschaftswoche 51 vom 6.12.2019, S. 99

5 Edmondson, Amy C.: Die angstfreie Organisation, S. 119ff.

6 Charles Pépin: Die Schönheit des Scheiterns, S. 53

7 https://blog.anneschueller.de/new-world-of-work-und-neue-fuehrungsstile-der-katalysator-2/

8 US-Fachzeitschrift Foreign Policy

9 Wirtschaftswoche 15 vom 3.4.2020, S. 66

10 https://computerwelt.at/news/welche-fuehrungsaufgaben-nach-corona-wichtig-werden/

11 https://www.bpb.de/system/files/dokument_pdf/Thesenpapier%20Sauter.pdf

12 Im Herausgeberbuch Postbürokratisches Organisieren, S. 203

13 https://arbeitsblaetter.stangl-taller.at/KOMMUNIKATION/NASASpiel.shtml
Die vorgeschlagene Lösung wurde von erfahrenen US-amerikanischen Seeleuten entwickelt, wobei Gegenstände höher bewertet wurden, mit denen man die Aufmerksamkeit auf sich lenken kann. Bei einer so großen Entfernung zur Küste könnte das Rettungsboot nie aus eigener Kraft Land erreichen.

(1) Spiegel zum Signalisieren an Rettungsschiffe und Flugzeuge

(2) 10 Liter Dieseltreibstoff, erlaubt das Signalisieren (kann mittels Feuerzeug und Geldscheinen angezündet werden)

(3) 20 Liter Trinkwasser, unbedingt notwendig zum Überleben. Wasser ist viel wichtiger als Nahrung!

(4) Notrationen (Nahrung), ebenfalls sehr wichtig zum Überleben

(5) Kunststofffolie, eignet sich zum Auffangen von Regenwasser (Salzwasser aus dem Meer kann nicht getrunken werden)

(6) 2 Kartons Schokolade, eignen sich als Nahrungsmittel

(7) Angel samt Zubehör zum Angeln

(8) 5 Meter Nylonseil, dient zum Befestigen der Gegenstände am Boot

(9) Schwimmweste, hilfreich bei stürmischer See, damit niemand ertrinkt

(10) Harpune, Hilfsmittel beim Fischen, Abwehr von Haien

(11) 2 Liter hochprozentiger Rum, dient zur Wunddesinfektion

(12) Transistorradio eher nutzlos, dient nur zum Empfang, kann möglicherweise keinen Sender in Reichweite erreichen
(13) Seekarte, relativ nutzlos, da die eigene Position nicht genau genug bekannt ist und das Erreichen der Küste auch bei korrekter Navigation zu lange dauern würde
(14) Moskitonetz unnütz, mitten am Ozean gibt es keine Mücken
(15) Sextant kann nur mit Uhr korrekt eingesetzt werden, Navigation ohnehin irrelevant

14 Zum Beispiel durch das Ultimatum-Spiel. Der deutsche Ökonom Werner Güth gab einer von zwei Personen einen größeren Geldbetrag. Diese sollte den Betrag mit der anderen Person nach eigenem Gusto teilen. Willigte das Gegenüber ein, konnten beide die Summe behalten. Lehnte der andere ab, bekamen beide nichts. Im Schnitt klappte der Deal, wenn der Geldbesitzer ein Drittel des Betrags anbot. Gab er weniger, verweigerten die meisten den aus ihrer Sicht zu kleinen Betrag. Ein Homo oeconomicus hätte jeden Betrag angenommen.

15 managerSeminare, Heft 248, November 2021, S. 74 ff., ursprünglich aus: Lösungsfokussiertes Konflikt-Management in Organisationen, S. 191 ff.

16 Zum Beispiel mein Buch zum Thema: Erfolgreich verhandeln und verkaufen. Wie Sie Menschen und Märkte gewinnen

17 Gunter Dueck: Das Neue und seine Feinde, S. 223

18 https://www.esch-brand.com/wp-content/uploads/2018/04/2016-l-ESCH.-Customer-Touchpoint-Management-Whitepaper.pdf

19 Reed Hastings in »Keine Regeln«, S. 195

20 Hastings, Reed; Meyer, Erin: Keine Regeln. Warum Netflix so erfolgreich ist, S. 281 ff.

21 Ebenda, S. 9

22 https://marshallgoldsmith.com/articles/1438/

23 Aus: Verhängnisvolle Vorwürfe, ManagerSeminare, Heft 254, Mai 2019, S. 52 ff.

24 Manche glauben, man könne nicht zugleich eine positive und negative Rückmeldung verarbeiten, weil das verwirren oder nur das Genehme herausgepickt würde. Ich hingegen meine, man soll bei einer Rückmeldung das Positive, das ja in aller Regel bei Weitem überwiegt, nicht nur sehen, sondern auch artikulieren. Das muss natürlich aufrichtig sein, sonst könnte es als manipulativ wahrgenommen werden.

25 Grant, Adam: Nonkonformisten, S. 105

26 https://www.fundresearch.de/nachrichten/arbeit/2019/09/mitarbeiter-haben-keine-lust-auf-arbeit-im-management-237315.php; https://www.bertelsmann-stiftung.de/de/publikationen/publikation/did/fuehrungsmuede-deutschlands-fuehrungskraefte-ver-zweifeln-an-ihrer-rolle

27 Aus Sutton, Robert I.: Der Querdenker-Faktor, S. 237

28 Diese Generationenbezeichnungen stammen von Soziologen. Die Zuordnung der Jahreszahlen schwankt je nach Literatur.

29 Zugeschrieben wird das Konzept des Reverse Mentoring Jack Welch, dem langjährigen CEO des Mischkonzerns General Electric. Schon Ende der 1990er Jahre erkannte er, dass sein Managementteam noch viel über das damals junge Internet zu lernen hätte, um nicht auf der Strecke zu bleiben. So forderte er seine Führungskräfte auf, interne Mentoren zu finden, um sich von diesen mit dem Web vertraut machen zu lassen. Welch, so heißt es, ging dabei mit gutem Beispiel voran.
30 https://blog.anneschueller.de/8-kognitive-verzerrungen-vor-denen-man-sich-besser-huetet/
31 Waldemar Zeiler: Unfuck the Economy, S. 203
32 https://www.youtube.com/watch?v=SByymar3bds
33 Ferry Heilemann: Climate Action Guide, S. 178
34 Gerd Leonhard: Technology vs. Humanity, S. 80
35 https://www.onepercentfortheplanet.org/
36 https://www.anneschueller.de/das-orbit-modell.html
37 https://hbr.org/2019/09/put-purpose-at-the-core-of-your-strategy
38 https://www.ey.com/Publication/vwLUAssets/ey-the-global-leadership-forecast/$FILE/ey-the-global-leadership-forecast.pdf (Seite 10)
39 https://de.wikipedia.org/wiki/Friedman-Doktrin
40 Kalkbrenner, Christian: Der Markt hat uns verdient, S. 38
41 ManagerSeminare Heft 245, August 2018
42 https://www.anneschueller.de/das-orbit-modell.html
43 Schätzing, Frank: Was, wenn wir einfach die Welt retten?, S. 130
44 https://www.mutaree.com/content/change-fitness-studie-20182019
45 https://hrpepper.de/believe-it-or-not/70-prozent-aller-change-vorhaben-scheitern-nimmer/
46 https://www.digitale-talente.com/diffusionstheorie-nach-rogers/
47 Alex T. Steffen: Der Pionier in dir
48 Wolf Lotter: Innovation. Streitschrift für barrierefreies Denken, S. 193 f.
49 Dobelli, Rolf: Die Kunst des klugen Handelns, S. 182
50 The business value of design – McKinsey Report 2018
51 https://www.brandeins.de/magazine/brand-eins-wirtschaftsmagazin/2014/scheitern/wird-schon-schiefgehen
52 https://www.hagengrote.de/genussmagazin/die-geschichte-der-tarte-tatin/
53 Alles zum Thema Touchpoint Management, Customer Experiences und Customer Journey sowie viele Beispiele für Wow-Momente findet ihr in meinen folgenden Büchern: Touchpoints und Touch.Point.Sieg.
54 https://www.esch-brand.com/wp-content/uploads/2018/04/2016-ESCH.-Customer-Experience-Studie.pdf
55 Peter Kruse, Next Practice, S. 44
56 In Anlehnung an Martin Giesswein: Digital Game Changer, S.71
57 Einhörner sind Start-ups, die mit über einer Milliarde US-Dollar bewertet werden. Weltweit gibt es etwa 250.

Literaturtipps

Albolhassan, Ferri (Hrsg.): Wissen ist Macht, Frankfurter Allgemeine Buch, Frankfurt 2021

Andrick, Michael: Erfolgsleere: Philosophie für die Arbeitswelt,Verlag Karl Alber, Freiburg 2020

Bauer, Joachim: Arbeit – Warum sie uns glücklich oder krank macht, Blessing, München 2013

Bauer, Joachim: Prinzip Menschlichkeit, Hoffmann und Campe, Frankfurt, 2006

Baumanns, Markus: Kick Off. Auf Entdeckungsreise zur Organisation der Zukunft, Murmann / Haufe Lexware, Freiburg 2019

Bodell, Lisa: Kill the Company: 12 Killer-Tools für die Wiedergeburt Ihres Unternehmens, Campus, Frankfurt 2013

Brandes-Visbeck, Christine; Gensinger, Ines: Netzwerk schlägt Hierarchie, Redline, München 2017

Christensen, Clayton M. u. a.: Besser als der Zufall, Börsenmedien, Kulmbach 2017

Christensen, Clayton M. u. a.: The Innovator's Dilemma, Vahlen, München, korrigierter Nachdruck 2013

Dobelli, Rolf: Die Kunst des klugen Handelns, Carl Hanser, München 2012

Dueck, Gunter: Heute schon einen Prozess optimiert?, Campus, Frankfurt 2020

Dueck, Gunter: Das Neue und seine Feinde, Campus, Frankfurt 2013

Dweck, Carol: Selbstbild, Piper, München 2017

Edmondson, Amy C.: Die angstfreie Organisation, Vahlen, München 2020

Epstein, David J.: Es lebe der Generalist, Redline, München 2020

Faltin, Günter: David gegen Goliath, Murmann /Haufe Lexware, Freiburg 2019

Fink, Franziska, Moeller, Michael: Purpose Driven Organizations, Schäffer-Pöschel, Stuttgart 2018

Florida, Richard: The Rise of the Creative Class, Basic Books, New York 2011

Förster, Anja; Kreuz, Peter: Zündstoff für Andersdenker, Murmann, Hamburg 2017

Gaedt, Martin: Rock your Idea. Mit Ideen die Welt verändern. Murmann, Hamburg 2016

Gerstbach, Ingrid: Design Thinking im Unternehmen, Gabal, Offenbach 2017

Gerwers, Simone: Mutausbruch. Das Ende der Angstkultur, Midas, Zürich 2021

Giesswein, Martin: Digital Game Changer, WU Executive Academy, Traiskirchen 2020

Gino, Francesca: Rebel Talent, Pan Books, London 2019

Göpel, Maja: Unsere Welt neu denken, Ullstein, Berlin, 16. Auflage 2020
Goleman, Daniel: Soziale Intelligenz, Knaur, München 2008
Grabmeier, Stefan: Future Business Kompass, Murmann / Haufe, Freiburg 2019
Grant, Adam: Nonkonformisten, Droemer, München 2016
Gruen, Arno: Wider den Gehorsam, Klett-Cotta, Stuttgart 2014
Häusel, Hans-Georg: Think Limbic!, Haufe, Freiburg, 5. Auflage 2014
Halecker, Bastian: Dino trifft Einhorn, Eigenverlag, Berlin 2020
Hamelmann, Ute; Hesse, Martina: Unsere Zeit ist jetzt, Murmann, Hamburg 2021
Harari, Yuval Noah: 21 Lektionen für das 21. Jahrhundert, Beck, München 2018
Hastings, Reed, Meyer, Erin: Keine Regeln. Warum Netflix so erfolgreich ist, Econ, Berlin, 2. Auflage 2020
Heilemann, Ferry: Climate Action Guide, Murmann, Hamburg 2022
Herger, Mario: Future Angst, Plassen, Kulmbach 2021
Herles, Benedikt: Zukunftsblind, Droemer, München 2018
Horx, Matthias: 15 1/2 Regeln für die Zukunft, Econ, Berlin, 2019
Hüther, Gerald: Würde. Was uns stark macht – als Einzelne und als Gesellschaft, Knaus, München, 6. Auflage 2018
Hüther, Gerald: Biologie der Angst, Vandenhoeck & Ruprecht, Göttingen, 8. Aufl. 2007
Hüther, Michael (Hrsg.) u. a.: Die Macht der Ideen, Econ, Berlin 2020
Ismail, Salim u. a.: Exponentielle Organisationen, Vahlen, München 2017
Johannsson, Frans: Der Medici-Effekt, Börsenmedien, Kulmbach 2018
Kahneman, Daniel u.a.: Noise. Was unsere Entscheidungen verzerrt – und wie wir sie verbessern können, Siedler, München 2021
Kahneman, Daniel: Schnelles Denken, langsames Denken, Penguin, München 2016
Kalkbrenner, Christian: Scale up!, BusinessVillage, Göttingen 2017
Kelly, Lois, Medina, Carmen: Rebels at Work, O'Reilly, Sepastopol 2014
Klein, Susanne: Kein Mensch braucht Führung, Gabal, Offenbach 2019
Kluge, Sabine, Kluge, Alexander: Graswurzelinitiativen in Unternehmen, Vahlen, München 2020
Kraus, Eva-Maria: Zusammenführen. Wie vernetztes Arbeiten Unternehmen langfristig zum Erfolg führt, Wiley, Weinheim 2021
Kruse, Peter: Next Practice, Gabal, Offenbach, 8. Auflage 2015
Laloux, Frédéric: Reinventing Organizations, Vahlen, München 2015
Land, Karl-Heinz: Erde 5.0 – Die Zukunft provozieren, Future Vision Press, Köln 2018
Lederer, Dieter: Veränderungsexzellenz, Hanser, München 2018
Leonhard, Gerd: Technology vs. Humanity, Vahlen, München 2017
Lessenich, Stephan: Neben uns die Sintflut: Wie wir auf Kosten anderer leben, Piper, 3. Edition, München 2018
Lewrick, Michael: Business Ökosystem Design, Vahlen, München 2021
Liebermeister, Barbara: Die Führungskraft als Influencer: In Zukunft führt, wer Follower gewinnt, Gabal, Offenbach 2020

Löhken, Sylvia: Intros und Extros, Gabal Verlag, Offenbach 2014
Lotter, Wolf: Zusammenhänge. Wie wir lernen, die Welt wieder zu verstehen, Edition Körber, Hamburg 2020
Lotter, Wolf: Innovation. Streitschrift für barrierefreies Denken, Edition Körber, Hamburg 2018
Mausfeld, Rainer: Angst und Macht, Westend, Frankfurt, 2. Auflage 2019
Mazzucato, Mariana: Wie kommt der Wert in die Welt, Campus, Frankfurt 2019
Mićić, Pero: Wie wir uns täglich die Zukunft versauen, Econ, Berlin 2014
Minnaar, Joost, de Morree, Pim: Corporate Rebels, Corporate Rebels, 2019
Müller-Christ, Georg: Nachhaltiges Management, Nomos, Baden-Baden 2020
Pépin, Charles: Die Schönheit des Scheiterns, Hanser, München 2017
Petry, Thorsten (Hrsg.): Digital Leadership, Haufe-Lexware, Freiburg 2016
Pink, Daniel H.: Unsere kreative Zukunft, Riemann, München 2008
Pircher, Richard: Agilstabile Organisationen, Vahlen, München 2018
Ramge, Thomas: Mensch und Maschine, Reclam, Ditzingen 2018
Raworth, Kathe: Die Donut-Ökonomie: Endlich ein Wirtschaftsmodell, das den Planeten nicht zerstört, Hanser, München 2018
Reimer, Nick, Staud, Toralf: Deutschland 2050. Wie der Klimawandel unser Leben verändern wird, Kiepenheuer & Witsch, Köln 2021
Röhrig, Peter; Scheinecker, Martina: Lösungsfokussiertes Konflikt-Management in Organisationen, ManagerSeminare Verlag, Bonn 2019
Ross, John: Mach's wie Amazon, Redline, München 2020
Rustler, Florian: Werkzeuge für großartige Meetings, Haufe, Freiburg 2021
Rustler, Florian u.a.: Future Fit Company, Murmann Haufe, Freiburg 2019
Schaar, Thorsten, Habicher, Uwe (Hrsg.): FLEAT – Vom Unternehmen zur agilen Flotte, Haufe-Lexware, Freiburg 2019
Schätzing, Frank: Was, wenn wir einfach die Welt retten?, Kiepenheuer & Witsch, Köln 2021
Scharner, Otto C.: Essentials der Theorie U, Carl Auer, Heidelberg, 2019
Schmid, Wolfgang; Schönborn, Rüdiger: Agil und digital. Ein Leitfaden für Führungskräfte, Kohlhammer, Stuttgart 2020
Schönfeld, Jan; Tillmann, Thomas: Lernhacks, Vahlen, München2021
Schnell, Nils; Schnell, Anna: New Work Hacks, SpringerGabler, Wiesbaden 2019
Schüller, Anne M.; Steffen, Alexander T.: Die Orbit-Organisation. In 9 Schritten zum Unternehmensmodell für die digitale Zukunft, Gabal, Offenbach, 2019
Schüller, Anne M.; Steffen, Alexander T.: Fit für die Next Economy. Zukunftsfähig mit den Digital Natives, Wiley, Weinheim 2017
Schüller, Anne M.: Touch.Point.Sieg. Kommunikation in Zeiten der digitalen Transformation, Gabal, Offenbach, 3. Auflage 2019
Schüller, Anne M.: Das Touchpoint-Unternehmen. Mitarbeiterführung in unserer neuen Businesswelt, Gabal, Offenbach, 3. Auflage 2016
Schüller, Anne M.: Touchpoints. Auf Tuchfühlung mit den Kunden von heute, Gabal, Offenbach, 6. Auflage 2016

Schüller, Anne M.: Erfolgreich verhandeln – erfolgreich verkaufen. Wie Sie Menschen und Märkte gewinnen, Business Village, Göttingen 2009

Schültken, Lydia: Workhacks – Sechs Angriffe auf eingefahrene Arbeitsabläufe, Haufe-Lexware, Freiburg 2017

Sinek, Simon: Frag immer erst Warum, Redline, München, 4. Auflage 2017

Sprenger, Reinhard K.: Magie des Konflikts, DVA, München 2018

Sprenger, Reinhard K.: Die Entscheidung liegt bei dir!, Campus, Frankfurt, 14. Auflage 2010

Steffen, Alex T.: Der Pionier in dir, Moonlander Publishing, Berlin 2022

Stepper, John: Working Out Loud, Vahlen, München 2020

Struck, Pia: Game Change: Das Ende der Hierarchie, Gabal, Offenbach 2016

Surowiecki, John: Die Weisheit der Vielen, Goldmann, München 2007

Sutton, Robert I.: Der Querdenker-Faktor, Piper, München 2018

Taleb, Nassim Nicholas: Antifragilität. Anleitung für eine Welt, die wir nicht verstehen, Knaus, München 2013

Taleb, Nassim Nicholas: Der schwarze Schwan. Die Macht höchst unwahrscheinlicher Ereignisse, Knaus, München, 2. Auflage 2015

Thaler, Richard H.; Sunstein, Cass R.: Nudge – Wie man kluge Entscheidungen anstößt, Ullstein, Berlin 2011

Thelen, Frank: 10 x DNA: Das Mindset der Zukunft, Frank Thelen Media, Bonn 2020

Triebel, Claas; Hürter, Tobias: Die Kunst des kooperativen Handelns, Orell Füssli, Zürich 2012

Väth, Markus: Musterwechsel. Wie wir unsere Wirtschaft retten, Gabal, Offenbach 2022

Vollmer, Lars: Zurück an die Arbeit, Linde, Wien 2016

Weinzettl, Julia: Innovation im Umbruch, Goldegg, 2019 Berlin

Wyss, Peter: Hierarchiefrei ist besser!, Vahlen, München 2020

Zeiler, Waldemar: Unfuck the Economy, Goldmann, München 2020

Stichwortverzeichnis

Über die Autorin

Anne M. Schüller kennt die klassischen Unternehmensstrukturen aus dem Effeff. Weit über zwanzig Jahre lang und in zehn verschiedenen Ländern war sie in leitenden Positionen internationaler Dienstleistungsunternehmen tätig. »Ich war schon immer eine Pionierin. In manchen Unternehmen konnte ich mit frischen Gedanken und unkonventionellem Tun wirklich Großes bewirken. Manchmal bin ich auch kläglich gescheitert: hie und da an Strukturen, meist aber an Menschen, die Altes bewahren wollten und Neues als Bedrohung empfanden«, sagt sie. 2002 hat sie sich aus der Konzernwelt verabschiedet. Seitdem arbeitet sie als Keynote Speaker, Managementdenker und Business Coach. Zu ihrem Kundenkreis zählt die Elite der Wirtschaft im deutschsprachigen Raum. Ferner hat sie eine Reihe von Büchern geschrieben, in denen es, aus verschiedenen Blickwinkeln betrachtet, immer um das Zusammenspiel zwischen Kunde, Mitarbeiter:innen und Organisation geht.

Kundenzentrierte Unternehmensführung ist der Oberbegriff, den sie dafür geprägt hat. Ihre Bücher sind nicht nur Bestseller, sondern auch preisgekrönt: *Kundennähe in der Chefetage* erhielt 2008 den Schweizer Wirtschaftsbuchpreis. *Touchpoints* ist Mittelstandsbuch des Jahres 2012. *Das Touchpoint-Unternehmen* wurde zum Managementbuch des Jahres 2014 gekürt. *Touch.Point.Sieg.* ist Trainerbuch des Jahres 2016. *Die Orbit-Organisation* wurde Finalist beim International Book Award 2019.

Für ihre Arbeit hat sie viele weitere Auszeichnungen erhalten. So wurde sie 2015 für ihr Lebenswerk in die Hall of Fame der German Speakers Association aufgenommen. Vom Business-Netzwerk LinkedIn wurde sie zur TOP Voice 2017 und 2018 sowie von Xing zum Spitzenwriter 2018 und zum Top Mind 2020 gekürt. Von GABAL erhielt sie den BestBusinessBook Award 2019.

Ihre Vorträge rund um das Übermorgengestalten, eine zeitgemäße Unternehmensführung und beispielhafte Kundenorientierung sind Kult: zugleich hochinformativ, praxisnah und unterhaltsam. Sie führt auch Management-Transformationsseminare und Mitarbeiter-Großgruppenworkshops durch. Zudem bildet sie zertifizierte Touchpoint-Manager und zertifizierte Orbit-Organisationsentwickler aus.

Kontakt: www.anneschueller.de

Die aktuellen Vortrags- und Workshopthemen:

- Wie das Übermorgengestalten perfekt gelingt: Future Skills, Future Working, Future Fitness
- Die Unternehmensorganisation für heute und morgen: agil, menschlich, crossfunktional, digital
- Zukunftstrend Kundenzentrierung: So meistern Sie Kundenbeziehungen im Zeitalter der digitalen Transformation
- Touchpoint Management und Customer Journey: Wie Sie Kunden begeistern, ihre Treue gewinnen und sie zu Fans und aktiven Empfehlern machen

KUNDENZENTRIERTE UNTERNEHMENSFÜHRUNG

DIE BÜCHER DER PREISGEKRÖNTEN BESTSELLERAUTORIN ANNE M. SCHÜLLER

ISBN 978-3-86936-550-3

ISBN 978-3-86936-614-2

ISBN 978-3-86936-999-0

ISBN 978-3-86936-501-5

ISBN 978-3-86936-694-4

ISBN 978-3-86936-887-0

Alle Titel auch als E-Book oder MP3-Download erhältlich